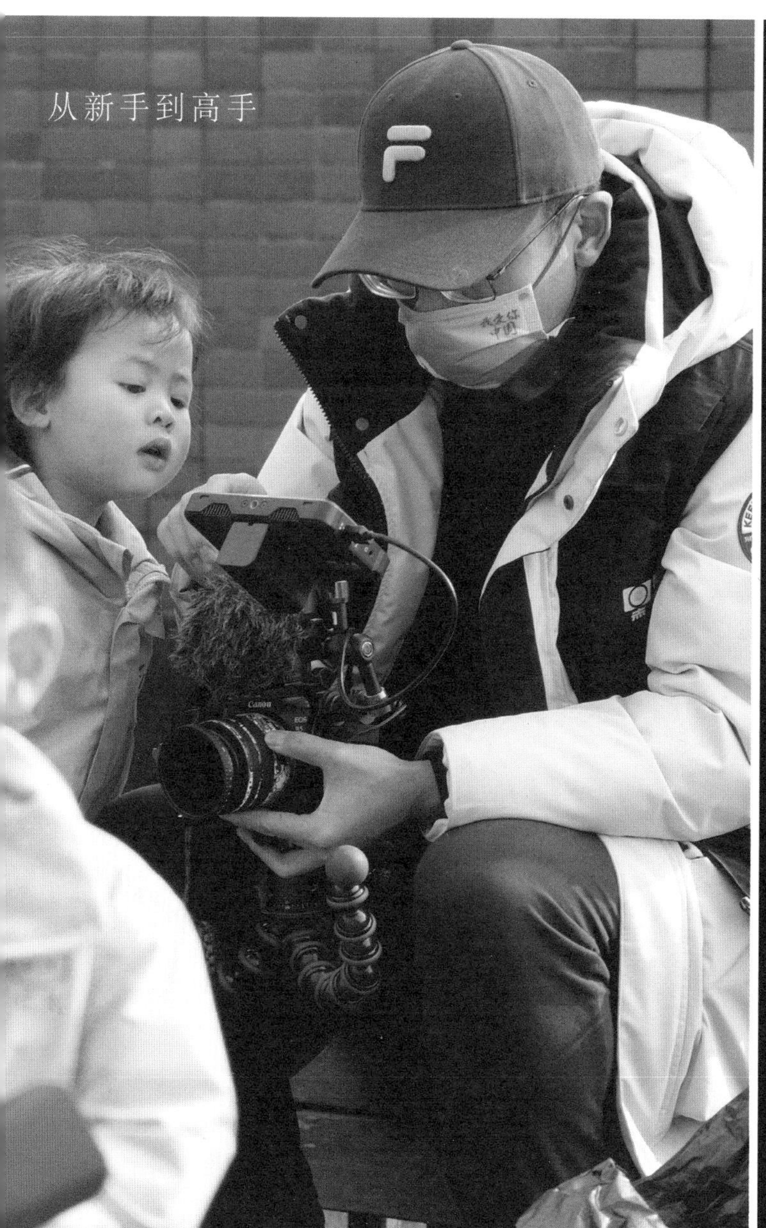

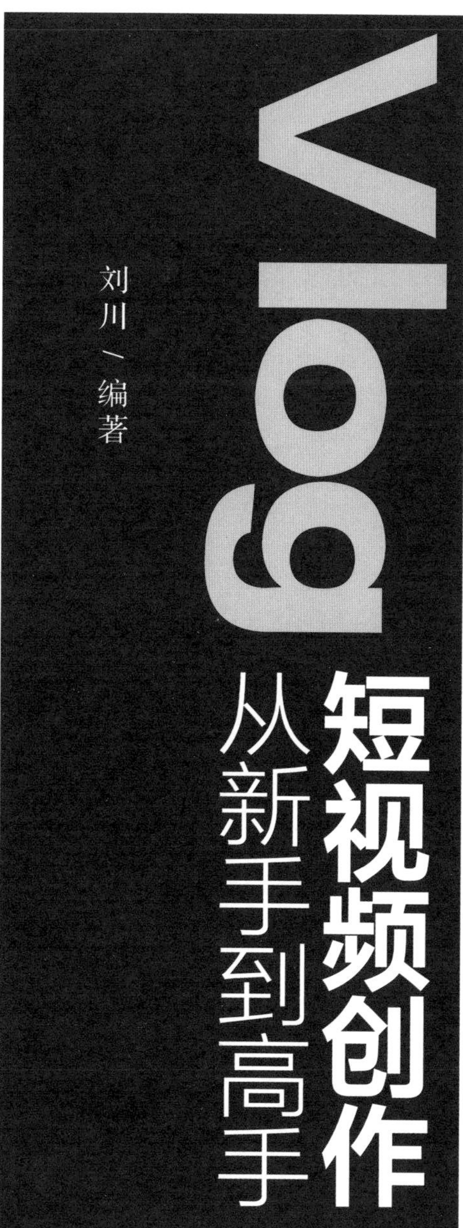

U0253155

清華大学出版社
北 京

内　容　简　介

本书通过8章“干货”内容剖析如何进行视频创作，包括如何把Vlog当成让自己成长的工具；如何用剪辑思维拍好Vlog；人物出镜和空镜到底怎么拍才有质感；Vlog剪辑如何做到节奏不拖沓；视频调色如何不用只靠LUT；Vlog如何“引流”和“增粉”；如何和粉丝保持更好的互动关系等。

通过对本书的学习，搭配作者的教学视频，可以快速掌握制作Vlog的拍摄、剪辑及运作方法。本书特别适合摄影爱好者、短视频创作者、自媒体工作者，以及想开拓短视频领域的人员阅读，还可以作为各类培训学校和相关院校的教材或辅导用书。

本书封面贴有清华大学出版社防伪标签，无标签者不得销售。
版权所有，侵权必究。举报：010-62782989，beiqinquan@tup.tsinghua.edu.cn。

图书在版编目（CIP）数据

Vlog短视频创作从新手到高手 / 刘川编著. -- 北京:清华大学出版社, 2022.7（2024.7重印）

（从新手到高手）

ISBN 978-7-302-61321-3

Ⅰ.①V… Ⅱ.①刘… Ⅲ.①视频制作 Ⅳ.①TN948.4

中国版本图书馆CIP数据核字(2022)第115391号

责任编辑：陈绿春
封面设计：潘国文
责任校对：胡伟民
责任印制：刘　菲

出版发行：清华大学出版社
网　　址：https://www.tup.com.cn，https://www.wqxuetang.com
地　　址：北京清华大学学研大厦A座　　邮　　编：100084
社 总 机：010-83470000　　邮　　购：010-62786544
投稿与读者服务：010-62776969，c-service@tup.tsinghua.edu.cn
质量反馈：010-62772015，zhiliang@tup.tsinghua.edu.cn
印 装 者：天津鑫丰华印务有限公司
经　　销：全国新华书店
开　　本：188mm×260mm　　印　　张：12.5　　字　　数：405千字
版　　次：2022年9月第1版　　印　　次：2024年7月第14次印刷
定　　价：79.00元

产品编号：092125-01

前 言

每一个人，都有分享自己内心和生活的欲望，只不过方式不一样罢了。我们写文章用一个字、一个词汇来表现自己的内心世界，我们随手拍一张照片发到朋友圈，分享此时此刻所见到的美景。我们在和朋友聚会时，你一言我一语地分享自己的往事……时间流逝，我们都在马不停蹄地往前奔跑着，回过头来，自己到底在忙碌什么，很少有人能真正说清楚。

用视频记录生活，是我们这个时代能够做的、最幸运的事情之一。

作为生活在新时代的我们，小时候用写日记的方式记录生活，没有别的选择，如果能贴几张用胶片相机拍的照片进去，那都是升级加强版的日记了，附带照片的日记在观感上完全秒杀纯文字的日记。

永远热爱摄影的我

十年二十年后，再次翻开日记（能翻开日记本的人都是幸福和幸运的，因为很多人的日记本丢到哪里了都不知道），微微泛黄的纸张和照片，会让模糊的回忆变得清晰。

时间对于每个人都是一样的，你无法阻止时间的流逝，但是哪天翻开日记本逐页认真地、热泪盈眶地看着日记的时候，眼前浮现了所有的画面，和看电影的感觉类似，但和电影不一样的是，你自己是主角。

我写日记的形式是从 2003 年开始改变的。

变成什么了？变成了一个个视频。2003 年，爸爸给我买了人生中第一台索尼卡片相机，虽然只有 8G 的内存卡，但我在大学期间拍了很多视频，而且还能用会声会影把拍摄的素材剪辑出来。如今，时间已经过去了近 20 年，当我再次打开视频，看到不那么清晰的画面和不那么正常的声音时，就和看电影一样，生活过的地方、经历过的事情、不经意的瞬间，都被我记录了下来，看着热泪盈眶。

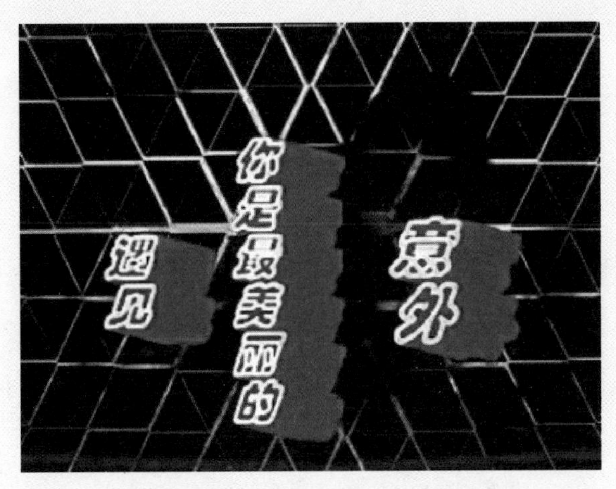

2003年用《会声会影》制作的第一条Vlog

现在来看，当时那种随意的拍摄和剪辑，虽然能够呼唤回忆，但终究没有制成一段完整的视频，有些类似现在的混剪作品，而且，因为没有网络平台发布，视频和素材丢失了一些，零零散散的视频就好像破碎的日记纸，难免有些遗憾。

如今，进入手机短视频飞速发展的时代，每个人都能随时随地拿起手机，录制一段高清且对焦准确的视频，同时，网络上也出现了这样一批人，他们通过视频记录自己的生活、情感，传授知识，然后通过出色的剪辑，展现他们的精彩，他们的视频让网友感动和赞赏，也因此吸引了大量的粉丝，并获得了不错的收益。

这种视频形式就是 Vlog。

Vlog 的 V，就是 Video 的首字母，视频的意思，log 就是日志的意思，这种组合新生的名词，是从 blog（博客）演化而来的，也代表了时代的进步。

无论你用手机记录的 Vlog 是什么样的，多年以后，你一定会感谢当年记录的自己。

现在的 Vlog 创作者越来越多，那如何把自己的 Vlog 规划好并付诸实践，且发布后能够得到大家的认可呢？相信大家肯定会提出很多问题。

如何拍摄 Vlog？拍摄前需要准备什么？

在拍摄时要具备什么样的思维，才能在后期更好地剪辑？

什么样的剪辑效果能够吸引观众？

如何正确地分析别人的作品？

如何通过分析别人的作品并进行模仿？

如何使用 Vlog 营销和变现？

本书通过分析众多优质 Vlog 创作者的作品，深度解析相关拍摄、剪辑思维，以及在剪辑中比较流行的技巧，给大家一一解答上面的问题。而且，通过 8 章的阐述，你将了解从 Vlog 的准备到最后营销变现的一系列知识，帮助你更好地创作。

由于作者水平有限，书中难免有错误和疏漏之处，恳请广大读者批评指正。为了方便交流沟通，欢迎大家关注我的抖音号“秋拾 MeMory”和“大川三点档”，不仅可以看到本书相关章节对应的视频内容，还可以看到更多有趣的内容和拍摄剪辑技巧。

最后，还要感谢 @ 橙 C 的美丽日记为本书制作的精美手绘插画，感谢我的妻子为本书的生活 Vlog 提供了创作灵感。

本书附赠了大量的相关素材，请用微信扫描下面的二维码进行下载。如果有技术性问题，请用微信扫描下面的技术支持二维码，联系相关人员进行解决。

如果在下载过程中遇到问题，请联系陈老师，联系邮箱：chenlch@tup.tsinghua.edu.cn。

赠送素材

技术支持

刘川

2022 年 7 月于成都

目　录

第1章　创意之旅——让Vlog成为你一生的朋友

第2章　激发灵感——Vlog作品的拍摄主题及思路

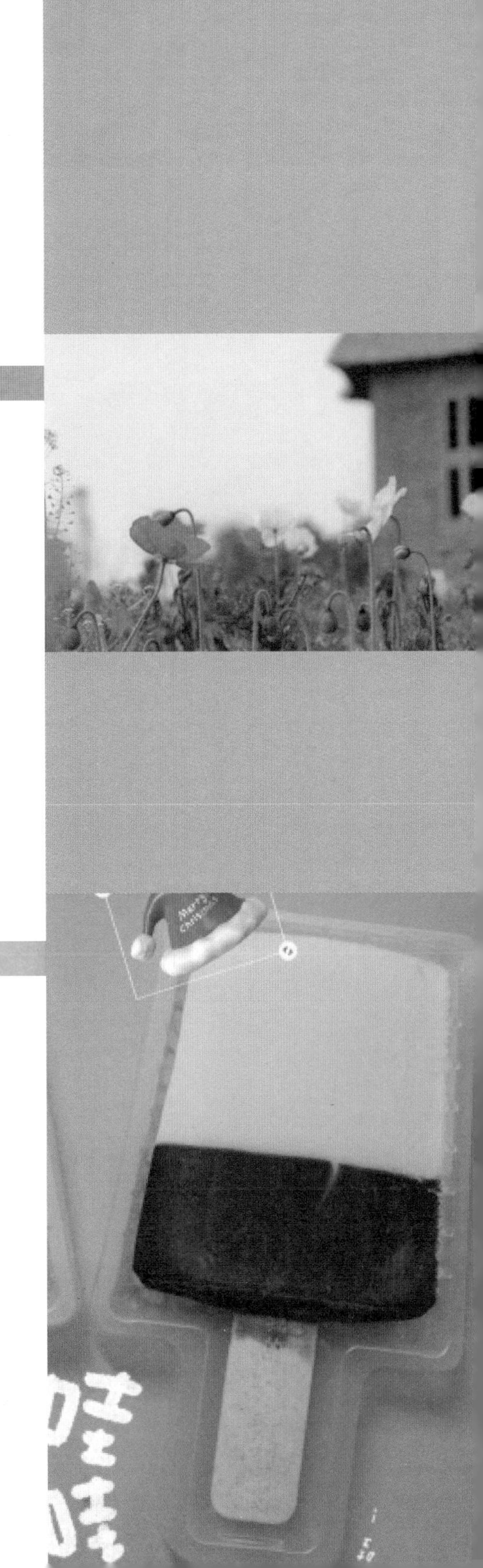

秋拾

HOPE
FAITH.
PEACE
LOVE
BELIEVE

第6章　美味生活——烹调美食怎么记录

第7章　生活场景——烦琐日常怎么记录

第8章 作品发布——让Vlog为你赚钱

Vlog的特点

Vlog是什么？

创作门槛

第1章 创意之旅

——让Vlog成为你一生的朋友

如何拍Vlog？

坚持拍Vlog的意义？

拍空镜

热爱是灵魂支柱

关键节点

对镜头说话

随着手机影像技术的高速发展，抖音、快手、B 站、西瓜视频等优秀的网络平台兴起，为热爱生活、热爱记录的 Vlog 创作者提供了无障碍的道路，并迅速获得了很多人的青睐，看着无数 Vlog 创作者发布的视频，我们也领略了他人生活的多姿多彩，同时也感叹世界之大无奇不有，在增长见识的同时，也开拓了眼界。

优秀Vlog博主的作品

从 2015 年 YouTube 上出现第一个 Vlog，到 2022 年的今天，诞生了无数个 Vlog，但是最终获得成功的 Vlog 数量并不多。上图这些 Vlog 视频都是相对比较成功的，这些 Vlog 创作者的坚持更新并高质量的输出是令人敬佩的，他们制作的 Vlog 中充满了“热情”的元素，所以，在 Vlog 的世界里，持续地保持热情并进行创作非常重要。

我觉得，“热爱”这两个字是可以培养并逐渐出现在你的“字典”中的，人总要有一些爱好吧，而我编写这本书的目的，就是带你走进 Vlog 世界，让你认识它、了解它、熟悉它，直到热爱它。而且，我还会告诉你，Vlog 对于提高自身各方面能力的“副作用”有多大。

即使你一开始很热爱 Vlog 创作，但还是要克服很多自身不愿意面对、不愿意尝试的事情，这就是所谓的“跳出舒适区”。

面对镜头说话语无伦次是正常的

你一定对“跳出舒适区”这五个字不陌生。为什么很多人明白很多人生的道理，却依然过不好自己的一生呢？我个人认为，这就是你不愿意跳出舒适区，懂得的道理太多，做得太少所导致的结果。

而在这里，我会很负责地告诉大家，Vlog 创作及其过程，就是你“跳出舒适区”的完美工具。

这是一本你可以随时放在手边的工具书，其中涵盖了从创意到写脚本、选择器材、剪辑、出片，再到最终发布的整个流程，每个大步骤中还含有很多的小步骤。大家可以快速上手拍出自己的第一个 Vlog，而且我还会和你一起，培养自律拍 Vlog 的习惯，并定期和你一起总结。你可以在定期回顾中，看到自己制作 Vlog 水平的提高，更为重要的是，你还可以看到自己通过拍摄 Vlog，进行蜕变的过程。

相信我，一个 Vlog 可能不会给你带来什么，但是坚持做 100 个 Vlog，你一定会有改变。

欢迎来到 Vlog 的世界！

1.1 关于 Vlog

1.1.1 Vlog 是什么

Vlog 就是记录自己生活的视频。在没有 Vlog 之前，我们从小用纸笔写日记，笔墨和纸张作为工具和载体带给我们回忆的财富。长大后，网络上出现了博客（blog），自己的生活和想法可以在互联网上展示，由此诞生了很多博客写手。随着移动网络的发展和手机影像技术的不断升级，短视频迅速渗入很多人的生活，于是，用视频记录生活并发布到网上成为了很多人生活的一部分。

用视频记录生活

博客作为一种记录心情和表达态度的工具，这么多年虽然其载体在不断变化，但本质上都是我们宣泄情感、记录生活的工具。

2015 年，Vlog 之父凯西 · 奈斯塔特发布了他的第一个 Vlog；2018 年 2 月欧阳娜娜把 Vlog 带到大家面前；2019 年 4 月 10 日，雷军为庆祝小米 9 周年米粉节，拍摄了他人生中的第一个 Vlog。

雷军的第一个Vlog

Vlog 这种形式迅速被大家接受并掀起了一股 Vlog 热，在人人都有手机的年代，很多人都拿起手机记录自己的生活并发布到抖音、快手、B 站等网络平台上，很多人因为 Vlog 改变了人生，并获得了丰厚的回报。

现在，Vlog 已经成为广大视频爱好者记录生活的常用方式，很多观众也会根据自己喜欢的内容，追随不同兴趣爱好和知识领域的博主。

例如，我非常喜欢“俊辉 JAN”制作的 Vlog，因为他的 Vlog 质量比较高，有趣有“料”，其中以记录生活的方式，植入了一些关于摄影剪辑的技巧，并以乐观和独特的人格魅力迅速获得大家的青睐。

“俊晖JAN”的Vlog内容和质量是国内Vlog领域的标杆

同样是以视频为主要载体的 Vlog 和短视频，它们之间也有很多差别。其最大的不同就是 Vlog 需要博主出镜，博主需要以旁述、讲解的方式向观众介绍一些东西，或者表达一些内容。而短视频则更偏重于内容创作，“记录”的意味不浓，更像是一个一个单元剧，一场一场短时间内完成的“快闪”表演。

1.1.2 Vlog 的特点及形式

“前段时间大火的农村 Vlog 创作者“张同学”引爆全抖音，他仅仅用一部手机，把平淡的农村生活用一首德国神曲剪辑成一个个另类治愈的 Vlog，一个半月涨粉 450 万，传播及其迅猛。张同学的 Vlog 之所以能够做到吸引大家观看，除了独特的题材和拍摄环境外，最重要的就是，他的拍摄不复杂，能够随时随地创作，而且只要一部手机就可以完成。甚至连稳定器都不需要，就通过最简单的镜头语言，传递出最真实的生活和情绪，引起共鸣，而这种共鸣恰恰又是生活在城市中的人们内心渴望和向往的。

传播迅猛、去中心化、随时随地创作，是 Vlog 的特点。

传播迅猛。“迅猛”二字一点儿也不为过，地球上的每一天，其实都缺乏好的内容，但是不乏普通和劣质的内容，无论是优质的还是劣质的内容，只要你能够发布，初期的传播速度其实都差不多，无论 Vlog 的质量如何，总能有人看。所以，你一定要了解一个事实——你制作的 Vlog 放在网上，传播速度是很快的，很多人都会看到。

了解这个事实后，你就会更加认真地对待自己的作品了。

每一个Vlog都要认真打磨

去中心化不是没有中心，而是以你自己为中心，人人都可以是中心，也都是重心。既然是中心，就会有圈子，哪怕这个圈子很小，你可以在这个圈子里合法地、尽情地、认真地、投入地展示你拥有的、知道的一切，所以，明白“去中心化”这个概念，你就要考虑，既然自己是中心，也是这个圈子的重心，我能给这个圈子带来什么有意义、有价值的东西呢？

如今我们能够随时随地创作 Vlog，制作门槛已经低到不能再低了。手机拍摄的视频质量已经比十几年前的 DV 好很多。拍摄好的视频，可以直接用手机剪辑 App 快速剪辑、导出并发布到网络平台，这在我上大学时用 DV 录制视频的时代连想都不敢想。创作的便利性提升之后，网络上也就涌现了非常多的创作者，五花八门的作品每天都在“轰炸”我们的视觉和审美，并占用我们大量的时间。

我2003年的第一台DV

正因为创作 Vlog 的便利性，我们就要更加珍惜每一次的创作机会，尽量把作品打磨完美。如果你能在对待自己的作品上比别人更认真，就能超越绝大多数人。

另外，Vlog 的私人化和主观属性，会赋予 Vlog 视频极高的观众黏度，因为 Vlog 打动人的未必是去了哪里、吃了什么，而往往是 Vlog 创作者自身的价值属性和因此形成的人格魅力。同时也因为这一点，我不鼓励大家以“用 Vlog 赚钱”为出发点来做视频，因为这是视频平台的目的，不是个人盈利的机会。但也恰恰因为这个原因，Vlog 非常适合个人的记录，你可以用任何表现手段来记录和展示你生活中的每一个细小的闪光点，在平凡的生活中为自己增添一点儿“不平凡”。

Vlog 有很多形式，但是归根结底只分为两种：美好型 Vlog 和干货型 Vlog。美好型的 Vlog 选题比较丰富，生活、美食、旅行等都是美好型的 Vlog，刚才说的张同学就属于美好型 Vlog，这种 Vlog 通过作者的展示，传递正能量、美好和乐趣，让大家流连忘返。干货型 Vlog 就是观众能从你的 Vlog 中学到相关知识，创作者通过各种方式的展示来传递知识和干货，很多作者还会增加乐趣的成分，让学习者收获乐趣的同时，得到知识。

也有很多 Vlog 创作者是美好型和干货型内容交替或者共同呈现的，比如俊晖 JAN，二麦科技、极地收集，等等，观众在看他们的 Vlog 收获美好快乐的同时，也收获了相应的知识，这种类型的内容很容易受到欢迎，所以，我建议新手朋友，可以先借鉴这种方式。

先做价值型Vlog

这两种形式的 Vlog，所针对的人群不同，我在这里建议，我们（普通人）在没有任何影响力的时候，先做干货型 Vlog，每个人身上都有长处，也都有闪光点，就看你如何将其发现并挖掘出来，展示在世人面前。另外，普通人先做干货型 Vlog，有利于坚持下去，毕竟，观众能从你的 Vlog 中或多或少得到一些东西，有利于增长粉丝，同时提高你创作 Vlog 的信心。

哪种人适合刚开始就做美好型 Vlog 呢？在某个领域已经是专家，或者已经成名，这些人自带光环，随手一拍的日常生活 Vlog 可能都会有上万次的播放量。

所以，如果你还未成名或者在某个领域还无任何建树，建议先从干货型 Vlog 做起，提升自己的同时，还能积累粉丝，具体的方法会在后文介绍。

1.1.3 Vlog 在国内的发展现状

Vlog 的兴起是偶然的吗？是一次巧合吗？显然不是。Vlog 这种内容传播形式早在 2012 年就出现在了 Youtube 网站上，到现在为止，Vlog 都是 Youtube 上最受欢迎的内容类型之一。拥有如此“久远历史”的 Vlog 为何到今天才在我国开始兴起呢？这和大环境有一定关系。

近年来媒介技术的飞速发展，引发我国媒介生态的巨大变革。一方面，新兴的自媒体与短视频平台正在争夺受众的注意力；另一方面，传统主流媒体“渠道为王”的时代已不在，其话语权也被逐渐弱化。因此，如何转型适应新媒体时代，保持自身主要的话语权，成为当下传统媒体必须思考的问题。而央视的成功转型，无疑给传统媒体转型带来了希望的曙光。

如果说 2016 年是“直播元年”，2017 年是“短视频元年”，那么 2018 年可以叫作“Vlog 元年”。Vlog 全称为“Video Blog”，中文名译为“视频博客”或“视频日志”。2012 年，YouTube 上出现了第一条 Vlog *Vlog,a casual, conventional video format or genre featuring a person talking directly to camera*（Vlog 是一种休闲的、传统的视频格式或类型，由一个人直接对着摄像机讲话），这是 YouTube 官方对 Vlog 的定义。创作者通过拍摄视频记录日常生活，Vlog 创作者被称为 Vlogger。

我国最早的一批草根 Vlog 创作者是海外留学生，他们在借鉴国外 Vlog 创作方式的基础上，开始了自身日常生活的记录，并把作品上传到国内的社交媒体或视频分享网站上，通过 Vlog 内容分享，与国内网友形成一个社交圈，从而弥补了背井离乡没有归属感的缺憾。截至目前，B 站成了国内最大的 Vlog 作品集聚地，日均产量达到上千条。

与国外用户的视频观看习惯经历了长视频→ Vlog → tiktok 的逐步发展不同，国内的用户呈现出长视频→抖音→ Vlog 的形式（尽管在时间上，Vlog 在国内的出现时间是早于短视频的）。抖音和快手是 2017 年的爆款产品，大众的高度参与、资本的疯狂介入、传播技术和载体的快速发展，都是短视频平台成功不可或缺的因素。但在我看来，正是因为短视频的时长有限，且目前内容已经呈现高度同质化，且有低俗化倾向，受众的热度也开始逐渐减弱。市场亟需一款新的视频产品来引发新一轮的浪潮。在这种情况下，Vlog 开始走向前台。

2017 年年初，国内便有一些 Vlog 创作者进行创作，但被短视频的风头掩盖，经过一年多的积累，且在 Vlog 创作者数量缓慢增长的趋势下，国内 Vlog 的内容其实已经趋于丰富和饱满。同时，在 2018 年年初，国内就上线了“小影”这一专门针对短视频剪辑的 App，使制作 Vlog 的技术门槛得到进一步降低，“一闪”和 VUE 两款 App 也具有视频剪辑能力，用户可以对自己的视频素材进行剪辑、配乐、加滤镜等操作。不仅如此，2018 年微博和腾讯两大国内互联网巨头也聚焦在 Vlog 上，“微博 Vlog”官方在 2018 年 9 月发出 Vlog 正式召集令——“在过往 30 天里，发布超过 4 条 Vlog，就可以申请成为微博认证的 Vlogger”。除了号召草根创作，微博还发起了“明星制片人微计划”，依靠具有超大流量的明星和大 V 进行 Vlog 宣传，使 Vlog 进入大众视线。在商业变现方面，微博也承诺给予广告合作和加入 MCN（多频道网络）机构的优先机会。腾讯则上线了一款叫作“yoo 视频”的短视频产品，以 Vlog+Vstory 的内容创新形式，以及对作品进行创作补贴的方式，引导 Vlog 创作者入驻。

1.1.4 Vlog 的创作门槛

现在通过手机拍摄的视频质量，对于 Vlog 创作完全足够，而且剪辑软件也今非昔比，很容易上手操作，那些高级的剪辑技巧、特效，在现在的手机剪辑 App 中都很容易实现。而且，很多音乐和海量素材还能丰富 Vlog 创作，创作门槛和难度已经降得很低，只要找到适合自己的价值型 Vlog 形式，坚持做下去，你一定会超越别人，且有所收获。

如今，真正的创作门槛既不是设备，也不是内容，而是一颗热爱的心和坚持做下去的动力。你的生活其实有很多可以记录的事情，同样，也正因如此，这也是阻碍你创作的障碍。我希望的是，和你一起做一件正确的事情，并坚持做下去，这也是编写这本书的初心。

但是，初心之下，需要耐心。“坚持”二字并不是随便说说的，99% 的人都是三天热度，过了这个阶段，基本上就没有创作 Vlog 的动力和激情了，而褪去的热情就会是你最大的“门槛”

1.2 让 Vlog 成为你的朋友

几年前，我读了李笑来老师写的一本书——《把时间当作朋友》，书中对于时间管理的概念完全颠覆了我对时间的认知。书中说道：“我们无法管理时间，我们真正能够管理的是我们自己。时间是不可能被管理的，问题出在我们自己身上。”

《把时间当作朋友》

将这句话引用到 Vlog 创作中，就会赋予 Vlog 创作新的生命和使命。

Vlog 和时间的关系非常微妙，它既是记录时间的工具，也是回忆时间的载体。能够记录好时间的人，和若干年以后回忆时间的人，都是时间的朋友。因此，能否拍好 Vlog，能否坚持创作 Vlog，能否通过 Vlog 变现，能否将 Vlog 作为时间的载体在若干年后变成你美好的回忆，一切都在于你和时间这个朋友如何相处。而且它更像一位真实的朋友，而且每天都能创作新的“朋友”，只要你愿意，这个朋友每天都会给你带来惊喜和感动。而且，在若干年后，当你回顾这些“老朋友”时，会因为当年自己和 Vlog 做朋友，而感到欣慰。

1.2.1 时间是我们的朋友，Vlog 是时间的刻录机

既然我们有了新的概念，并认可了 Vlog 这个朋友，那我们就需要了解这个朋友。

创作一条干货型 Vlog 的步骤是这样的：

1. 列好主题清单

2. 选择主题

3. 规划好拍摄时间

4. 写好拍摄计划

5. 拍摄

6. 剪辑

7. 出片

以上每个步骤都需要你花时间去了解和摸索，下面来逐个详细说明。

第一步，列好主题清单。这一步是你一条 Vlog 视频的雏形，在没有任何“形状”之前，列出可能的“形状”有助于搭建好你想要的“形状”。例如，你今天有一个拍摄任务，想用 Vlog 记录这次拍摄的过程。那么在列主题清单时，你就要放飞思想，把所有你能想到的主题全部列出来——记流水账、记录准备拍摄的过程、分享此次拍摄过程中的一个技巧、分享此次拍摄的感悟等。

第二，挑出一个或两个主题作为此次拍摄的目标。这个目标就可以指导你的拍摄行为，你可以知道此次拍摄的重点是什么，不再迷茫。

第三，有了特定的目标，就要为此做好时间规划，几点适合拍摄、天气状况如何、是否需要照明设备，这些都决定了你需要携带什么设备。

第四，写好拍摄计划。这个计划需要包含设备清单、拍摄重点、应急方案等。这里重点说一下设备清单，“一日之计在于头天晚上”，此时把拍摄设备逐一用纸笔写下来，在收拾装备的时候逐一勾选，这是一个能够“救命”的好习惯。拍摄重点可以写详细的脚本，也可以大致梳理拍摄流程，当你忘记想要拍什么的时候，就把它拿出来看看。

拍摄、剪辑、出片这三个步骤，在后面的章节会详细讲到，这里就不过多赘述了。

总之，在熟悉了这个新朋友 Vlog 的每一个特点之后，我们就知道如何与它更好地相处了。

没有主题时，面对镜头说话会语无伦次

人需要社交，来到这个世界就需要交朋友，有优质的朋友也有劣质的朋友，只有经历一些事情才能发现真正对你来说值得交往的朋友。真正值得交往的朋友会帮助你，会在合适的时候指出你的问题。

和 Vlog 做朋友，并在过程中让 Vlog 发现自己的闪光点，同时发现自己的缺点，尽情地展示自己，是 Vlog 和你最好的“交友”方式。

万事开头难，那是因为自己把目标设立得太高。其实，刚开始拍 Vlog，在不纠结器材设备的前提下，用视频把你想要表达的主题表达清楚是最重要的，这里所说的表达清楚是指要简短精炼，不要冗长拖沓。

1.2.2 如何开始拍摄 Vlog

概念的打磨需要实践支撑。如何开始拍摄你的第一个 Vlog 呢？放下书本，拿起纸笔，写下你的爱好、优势和抵触的事，每一项写五点，这样做的目的是在开始拍 Vlog 之前不要盲目跟风，认清自己的优劣势。先从自己最擅长的特质开始拍摄，认清抵触的事情是为了跳出舒适圈，去不断突破自己。

例如，你害怕面对镜头讲话，不愿意出镜展示自己，这就是你抵触的事情。但若想创作 Vlog，你就要跳出自己的舒适圈，去锻炼自己的语言表达能力。每个人在镜头面前说话都会磕巴，我们要做的只是不断地去说去练，在后期剪辑的时候，把那些磕巴的段落剪掉就行了。所以，突破舒适圈总是有很多方法的，完全就在于你是否愿意。

只有不断地练习才能做到语言自然流畅

Vlog 的拍摄环节至关重要，我的建议是先做到简短、精炼。简短是为了更好、更方便地创作；精炼是指视频长度虽短，但包含的内容要尽可能丰富。

以下为我总结的拍摄步骤和技巧。

（1）先练好对着镜头说话。

每天十分钟，拿出手机，说一个你最想说的主题，或者你看到的一个热点事件，回看自己的表情，不断重复、不断纠正。这样你才能把对着镜头说话这个看似简单实则很难的环节做好。

（2）拍好关键节点，再自由发挥。

每次拍摄养成一个好习惯，先把之前做好的拍摄计划中的关键节点拍摄完成，回看无误后，再根据现场自由发挥，拍摄一些素材。

（3）学会拍摄空镜（没有人物的镜头）。

空镜的质量可以提升你的 Vlog 质感，而且拍摄空镜也有一些技巧。如果构图、运镜的方法得当，手机也能拍出不错的空镜，这个在后文会详细讲解。

1.2.3 坚持拍 Vlog 的意义

赋予一件事情重大的意义，做这件事就会变得很轻松，不需要坚持，而直接进入“心流”的状态。

李笑来老师说过：“如果一件事情需要坚持才能继续做下去，那这件事情于他来说多半就是痛苦的，而如果这件事是他热爱的、有意义的，那他做这件事就是快乐的，无须坚持的。”

“热爱”二字是创作 Vlog 的精神支柱，而热爱需要赋予意义。

热爱是Vlog做下去的源动力

所以，在决定拍 Vlog 之前，不妨先给自己要拍的 Vlog 赋予意义。例如，你想通过 Vlog 减重，对，你没听错，拍 Vlog 不仅能够减重，还能收获成功，这是我的一个粉丝的故事。她之前咨询我关于拍摄剪辑的问题，由于嫌自己胖，也不敢出镜。了解了大致情况后，我鼓励她，可以拍 Vlog 记录每天如何运动，如何做减脂餐的过程，不仅对其他人有帮助，同时自己为了拍 Vlog，也可以倒逼自己不断地学习，寻找好的运动方法和做减脂餐的技巧。她按照我说的做了，现在不仅身材完美，也收获了上万粉丝。

上面说的这位粉丝，她之所以拍 Vlog 能够获得双丰收，不是因为她对减重和拍视频的坚持，而是因为她赋予拍 Vlog 这件事以终极意义——减肥成功获得自信并记录过程分享经验。而且，她把实现该目标的过程拍成 Vlog，当成监督自己的措施。过程中，她每次做运动时，太累想放弃的时候，看着旁边盯着自己的摄像头，便打消了这个念头，每次馋嘴想大吃特吃时，看见摄像头立马打消念头，她真正把 Vlog 当成了自己的朋友，并不忘初心和它相处，最终，时间证明了一切。

所以，意义比目标更重要，而且，拍 Vlog 这件事的意义，终究会给你带来意想不到的收获，不信你今天就拿起手机，和我一起拍摄吧！

拍摄主题

学习

美食

探店

露营

Vlog的脚本

概念

用脚本剪切

第2章 激发灵感

——Vlog作品的拍摄主题及思路

提升内容品质的技巧

保证画质的关键

导入剪辑软件

固定机位

模仿

光线

从本章开始，我会分别从选题、构思、写脚本、选器材、拍摄、剪辑、出片，这几部分和你一起创作属于你的干货型 Vlog。

很多人一开始拍 Vlog，问得最多的问题就是用什么器材、用什么剪辑软件、怎么调这个颜色……这很正常，新手都会在意拍摄和剪辑，因为这两个步骤，离最后的成片最近。

前面我在创作门槛的部分讲过，在目前这个时代，器材不是创作 Vlog 的门槛。所以，刚开始创作的朋友，建议不要纠结器材，先用好已有的设备，认清自己的优势和特长，花尽可能多的时间去做好一个选题，比选择器材设备更有价值。

下面我会列举一些目前各大平台比较流行的 Vlog 选题供你参考，让你对 Vlog 的内容有一个初步的认识，大家可以结合这些选题，按照自己的优势和特点，进行再加工，并形成自己的选题。

当然，因为 Vlog 的发展迅猛，选题也远远不止这些，但是一个优秀的选题，一定是适合你自身特色的选题。

2.1 拍摄主题的选择

2.1.1 晨间日常

早晨一般是不会被打扰的独处时间。

对于一个朝九晚五的上班族来说，早起哪怕一小时，都是属于你的独处时光。在这段时间里，没有老板的微信、没有邻居的吵闹，只有一个安静的自己。在这样的环境中，不妨做一些能够提升自己的事情，倘若你还能用 Vlog 的方式记录下来，在将来回看这些视频，看到自己的进步、状态的改变，你一定会感谢自己当初的选择。

早晨的时间宝贵

早晨拍 Vlog 技巧

（1）“一天之计在于前一天晚上”。

早晨时间有限，前一天晚上做好拍摄准备很有必要，你可以提前想好拍摄内容并按此做好准备，例如提前想好拍摄位置，提前把三脚架准备好，一旦开始进入你的早晨独处时光，就可以随时进行拍摄。

（2）轻量化拍摄剪辑。

晨间的日常 Vlog 建议短小、精炼，不要把它想得太复杂，其实这样的 Vlog 方式更像是一个监督你的工具，也是一个完成工作计划的工具。

（3）主题选择。

早晨 Vlog 的主题也应尽量轻量化，例如磨一杯咖啡、静静地读一会儿书、听听窗外的鸟叫、看太阳慢慢升起，这些内容拍摄起来较为简单，后期剪辑也不用太多的技巧，随着时间线进行剪辑即可。

利用好早晨都属于自己的时间

抑或你打算给家人做一顿早餐，可以把制作的过程和最后一起享用的场景记录下来，这不需要你会多么高超的拍摄手法，只需要掌握基本的技巧，就足够拍出一个不错的 Vlog。

想去跑步或去晨练，也没有问题。从换装备，到开启心率表，每一个步骤都是拍摄点，一些动作的衔接，可以拍摄成组的镜头。

2.1.2 制作美食

关于美食的 Vlog 是一个不错的主题，相关的博主也非常多，因为很少有人对色香味俱全的美食有抵抗力。随着我们的生活越来越好，很多博主也开始做一些“低卡轻食”，那些需要减脂健身的朋友对这类视频会非常感兴趣。

美食的制作过程是拍摄 Vlog 的重点，从餐具到食材都要追求美观、新鲜。所以，漂亮的餐具加上诱人的食材，往往能拍出质感不错的美食 Vlog。

美食Vlog的选题多样性和持续性很好

自己独居的朋友，在拍摄美食 Vlog 时，除了拍摄烹饪流程，还可以尝试增加故事性，例如回到家，发现冰箱里只剩下一棵白菜和两根胡萝卜，你可以拍一段自己的抱怨，然后开始用仅有的食材试着制作一道美食，故事的讲解过程就是克服困难的过程，是一种反转。这样的 Vlog 对于观众来说，就会有看下去的欲望。

抑或，你可以帮每天辛苦做饭的妈妈拍一段做饭的 Vlog，这是非常有意义的。每次回家，妈妈在厨房里忙碌，最终只有端上桌的菜才让大家拿起手机去拍照，而这个过程，你并不知道妈妈从买菜到洗菜，再到美食上桌的这个过程有多么烦琐、辛劳，如果你能用 Vlog 的形式记录下来，相信一定会引起共鸣。

另外，美食的种类数不胜数，可以制作的品类也很丰富，不怕没有选题，所以，决定拍摄美食 Vlog 的朋友，不用愁没有选题，只需要认真考虑呈现形式即可。

2.1.3 学习分享

学习分享类的 Vlog 视频主要分为以下两种。

1. Study with me

Study with me 是近几年兴起的一种 Vlog 形式，即用视频分享自己学习的过程和状态。这种视频有一个最大的特点，即博主会把自己的书桌收拾得整整齐齐，并通过一些摆设来营造自己喜欢的氛围，例如一个漂亮的键盘、一个颜值很高的马克杯、一盏温馨的小灯、一个流行的盲盒摆件等，博主坐在桌前认真学习，“@Ange 的小书房”“@ 秋拾同学”都是这类 Vlog 的代表创作者。

学习分享类Vlog图片来自@Ange的小书房

温馨、舒服的画面让学习分享类Vlog备受学生们欢迎，图片来自@秋拾同学

这样的风格有很多人喜欢看，并且会跟随博主的视频一起学习，因为学习本身其实是一件非常枯燥的事情，这样的学习方式对于博主和观众而言，都是一种全新的、轻松的方式。

如果你有整块的学习时间，有自己喜欢的角落，不妨尝试一下制作这种 Vlog。

2. 干货分享

Vlog 的表现形式并不单一，有出镜说话的形式，也有 Study with me 这种不出镜说话只注重学习氛围到不到位的形式，这里再介绍一种学习分享类的 Vlog 形式，也就是所谓的：干货分享 Vlog。

在这个时代，人人都喜欢“干货”，而且学习分享的 Vlog 很容易做成价值型 Vlog，分享一些自己的学习心得、好用的文具和书籍，或者分享自己的读书笔记，代表创作者是“@ 取个啥岷”和“@ 不是闷”。总之，对别人有价值的 Vlog，获得大家认可的可能性会更大。

如果你语言表达能力不错，可以像樊登（著名讲书人）那样，对着镜头把书中的精华内容分享给大家，无论是对自己还是对观众都会有帮助。

分享书籍、文具类干货，图片来自@取个啥岷

2.1.4 野餐露营

野餐露营是非常值得记录下来的时光，现在网上也有很多拍摄野餐露营的 Vlog 创作者，他们有的是很专业的深度露营玩家，有的属于小清新露营，拍出的 Vlog 有质感、有味道，从观感上就征服了观众。

无论是深度露营玩家，还是准备做些简单的小清新露营 Vlog，我建议初学者先用固定镜头拍摄露营的过程，固定镜头能够锻炼你观察、构图和取景的能力。同时，固定镜头也比较方便一个人露营时拍摄。

固定镜头拍摄露营很考验拍摄基本功

露营野餐的拍摄思路可以分为安静治愈型、介绍型和独白型，下面逐一进行介绍。

安静治愈型多为单独拍摄，以固定镜头为主。这种视频往往比较长，颜色和配乐都很治愈，创作者所用的物件一般都很有质感，所去的地方风景迷人。

介绍型 Vlog 可以在视频中分享野餐露营的一些心得，例如教大家选购露营装备时如何避坑，但这种视频对于拍摄者本身的专业知识要求较高，只有自己对于露营野餐已经轻车熟路时，才能游刃有余地介绍相关知识，因此这种类型的 Vlog 适合有一定经验的 Vlog 创作者。

独白型 Vlog 就是除了在视频中自己出镜说话，还可以后期配文案，例如“房琪 KIKI”（著名短视频制作者、旅游达人）制作的视频。这种 Vlog 需要事先写好文案，拍摄按文案进行。当然，通过剪辑素材，再配文案也是可以的。

2.1.5 旅游美景

旅拍 Vlog 是 Vlog 的鼻祖，最早的 Vlog 都是创作者以旅拍的方式呈现在大家面前，并迅速风靡全球的。旅游路上不乏素材，很多东西都可以拍，吃喝玩乐都可以融入 Vlog 中，但即便如此，要拍好旅拍 Vlog 还是要有一定的思路。

以 Sam Kolder（加拿大极限摄影师）的旅拍 Vlog 为例，他的 Vlog 一般以时间线为主，逐一呈现旅途中漂亮、有趣的画面。这也是旅拍 Vlog 创作者最常用的方式，今天去哪，明天去哪，以时间顺序剪辑也比较容易组织素材，剪辑时能够按照时间线的逻辑处理。

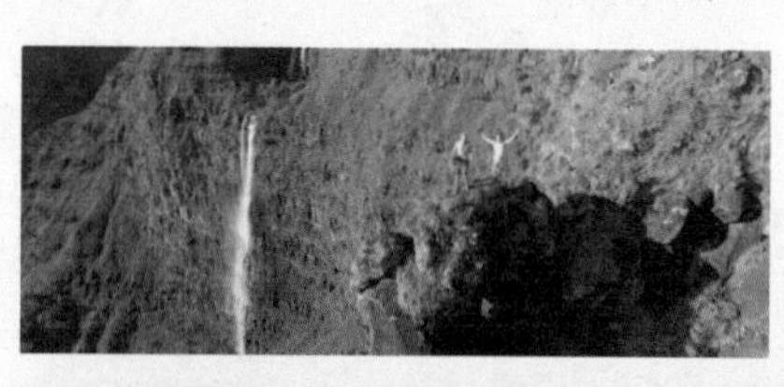

Sam Kolder的旅拍Vlog，每一帧画面都是大片

但是也有很多旅拍 Vlog 创作者，喜欢将一次旅行中几个目的地的素材进行混剪。

拍摄思路上，建议真人出镜，以第一人称视角，在看似流水账的旅拍内容上，添加故事性和趣味性的元素。这里教大家一个旅拍方面的技巧，即在旅途中，拍到比拍好更重要。按照这个思路，轻装上阵吧，具体如何轻装，后文会讲到。

2.1.6 探店走访

探店 Vlog 是旅拍 Vlog 的一个分支，但近几年已演化为以攻略、避坑、种草为主导的价值型 Vlog。

对于探店类的 Vlog 拍摄思路，我觉得更为重要的是提前做功课，把本次所要探店的亮点、槽点，甚至一些不为人知的点挖掘出来，提前做好这些功课后，就可以有针对性地进行脚本文案设计，从而更好、更顺利地拍摄。

探店Vlog主要以体验为主

当然，探店拍摄之前，还要和店家提前沟通，并不是每家店都允许拍照和摄像。虽然现在大部分店家都很希望通过各种网络平台进行宣传，但是也有一些店铺需要静谧的空间，是不允许拍摄的，更别说边拍摄边说话了。有一次我们拍摄探店 Vlog 就遇到一个咖啡店，我们提前征得老板的同意，但是可能因为我们现场说话打扰了其他客人，老板还是让我们停止了拍摄。

所以，探店 Vlog 创作者在做选题的时候，一定要与店家沟通拍摄事宜，以免拍摄无法完成或造成不必要的麻烦。

2.1.7 个人经历回顾

个人经历回顾是一个比较有意思的主题，可以以月度，也可以以年度来回顾你的创作往事、糗事、经历、感悟、建议等。现在很多 Vlog 创作者都喜欢做一个年终总结，回顾自己过去一年去过的地方、做过的事情。制作这样的视频，对素材的积累要求很高，平时拍摄剪辑的素材，需要做好备份并做好标记，否则在做年终总结视频时会遇到很大的麻烦。

三年胖了30斤，做UP主后我经历了什么？ | 年终总结

【年终总结】一年更新100期！这一年我们是怎么做视频的?

个人经历回顾Vlog，图片来自@小鹿Lawrence、@影视飓风

当然，制作个人经历回顾 Vlog 需要你已经有一定的粉丝基础，并且已经制作了一定数量的 Vlog，不建议一开始就制作这样的 Vlog，因为大家不知道你是谁，除了家人和朋友，谁会去看你的总结呢?

制作个人经历回顾 Vlog，逐字稿非常重要，回顾的内容大多是以之前的素材为主，所以保存素材的工作就显得非常重要。

2.2 Vlog 脚本

2.2.1 理解脚本的概念

脚本不是剧本，也不是复杂的概念格式，而是训练拍视频结构化思维的工具。

视频由八大元素构成——动态画面、静态画面、字幕、独白、对白、旁白、音乐和音效。

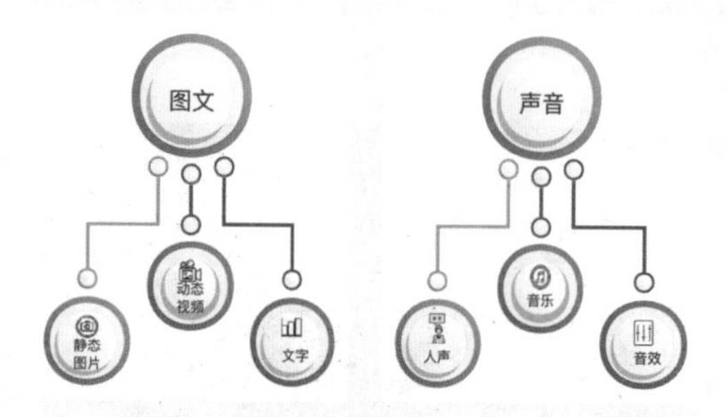

视频结构

写脚本就是对上面这八大元素提前进行结构化的编排。例如，一段拍摄汽车在公路上行驶的镜头，它是什么样的动态画面呢？它的景别是什么呢？构图需要如何选择呢？它需要字幕吗？需要独白吗？需要加什么音效？依照这个结构化的元素编排出来的东西就是脚本，是不是非常简单？

很多人不屑于写脚本，我将其归纳为两种类型：一种是头脑中已经有脚本的人，这种人往往是在 Vlog 领域已经小有成就，身经百战，拍摄轻车熟路，遇到任何场景，脚本已经在他脑海里了，看到不同的场景，脚本就会自动生成。

另一种就是觉得拍 Vlog 很简单，把脚本看得不重要，有没有都无所谓。相信我，这样的人无法拍好 Vlog。我们在对待脚本时，一开始一定要做一个谦虚的、勤奋的“笨人”。

按照前文介绍的方法，把每个环节、每个镜头的视频元素拆解出来，拍摄的时候就会非常轻松，哪怕现场出现变数，也不要紧，以不变应万变。作为一个新手，建议大家一定要写脚本，久而久之，你就会对写内容更多的脚本越来越有感觉。

好了，现在你已经有了新的思路，也打破了之前的认知，知道提前构思有多么重要，那么我们稍微升级一下，试着来构思更深层次的脚本。

有一个最简单的办法，就是先从网络上下载一些脚本模板，然后按照自己想要呈现的效果对模板进行修改。这种办法的好处是速度快，但切记不要只下载不学习，脚本模版拿到了，自己不去修改，不去照着拍摄尝试，那再好的脚本对你也是毫无作用的。

还有一个好办法，就是拉片（反复观看影片）并分析你喜欢的作品。在“拉片”的过程中，可以发现那些看似杂乱无章的镜头组合、各种转场的衔接，其实这些都是有迹可循的，背后都有作者精心的逻辑安排。所谓逻辑顺畅，就是拍摄时有章可循，这里的“章”，指的就是脚本。

章鱼小丸子露营的拉片脚本（可操作版本）

总时长：2分50秒				镜头数量：		82	
BGM：Someday 歌手：Haroula Rose 专辑：Someday				导演		麻酱将	
镜号	景别/构图	运镜	文案	时长（秒）	转场	说明	备注
1		固定	英文标题	3	切	大远景交代人物环境，这个机位很明显经过事先选择的，车开过来，入画完美	一个人怕是操作不了，需要协助拍摄，可以学习构图，提前设计好标题的画面，第一帧画面非常重要
2		固定	秋风带走了夏天的尾巴	2	切	低角度仰拍中景，草作为前景	我们在拍摄的时候一定要多拍这种特殊角度的画面
3		固定	穿过云海穿过盘旋曲折的山路	4	切	低角度仰拍中景，车子从画外入框停车，以上三个镜头交代了时间、地点、交通工具	同上，注意画面构图
4		固定	伴着淅淅沥沥的小雨	3	切	摄影机角度同样是低角度，文案介绍了天气，主人出现穿上雨衣	
5		固定	开始秋天的第一次露营	2	切	低角度特写，手拉开后备箱	低角度确实能给人不一样的感受
			开始秋			远景补充上一个开后备箱动	剪辑点选择的好的标准

分析别人的作品，自己写脚本

我在自己的抖音和 B 站账号中做了很多“拉片”讲解，而且都会把影片的脚本做出来。在分析完每个镜头并写出景别、转场、时长等信息之后，我发现除了学到创作思路，有时候还会发现该作品的缺点，这样做最大的收获就是可以很快“钻进”作者的脑子里，知道他是怎么想的。

我的“拉片”分析作品

我的“拉片”分析作品（续）

所以，如果你不会写脚本，那就把喜欢的 Vlog 创作者的视频拿来一帧一帧地分析，做一个脚本出来，然后去模仿，久而久之，你一定可以写好自己的脚本。

刚刚我说了，写脚本就是提前对要拍摄的主题进行拆解，并以书面的形式呈现出来。虽然脚本是千变万化的，但最基本的信息不能漏掉，包括景别、构图、时长、运镜、转场、对白、文案等，根据不同类型的 Vlog，还可以增减不同的项目。

很多人会说，辛辛苦苦写的脚本，到了拍摄场地，可能会因为各种变数导致无法按照脚本拍摄。例如，天气不理想，导致脚本中预先安排的镜头无法拍摄；再如，脚本设想的地点临时关门无法拍摄，这就打乱了预先的设想。因为这些缘故，很多人有了不写脚本的充分理由。

但是，无论拍摄过程中出现了多少变故，都不能因为不可预见的因素而不写脚本，从概率角度考虑，那种极端变化占比会非常小，很多情况都可以按照脚本来正常拍摄。

而且，写脚本所耗费的时间会随着你拍摄的水平提高变得越来越短。在你可以熟练拍摄之后，遇到变化和意想不到的情况时，你已经练就了随机应变的能力，这种随机应变的能力，也是通过不断写脚本、不断遇事增加阅历得来的，最终你会发现，预测和应对变化也成了脚本的一部分。

在自己创作 Vlog 脚本的过程中，不用拘泥于格式，你自己能看懂就可以，把你认为主要的关键环节提前考虑清楚并写下来是一个非常重要的过程，这也是熟能生巧的重要过程。

我在做 Vlog 的初期，也是拿起手机随性去拍，剪辑的时候就会发现总是差一些镜头，后来知道了脚本这个东西，尝试着模仿别人的样板去写了几个脚本，虽然过程很吃力，但是结果还是不错的，比不写脚本就拍摄、剪辑轻松不少。大家可以看一下我的脚本，每一个视频的创作脚本都打印出来，拍过的镜头就打钩，直到拍摄完成。

拍摄每一个视频我都会认真写脚本

前面我们讲述了从最简单的脚本构思到编写相对复杂的脚本，从中你会发现其实脚本没有什么高深、复杂的，不要偷懒才是关键，自己去创作的脚本和网上随便下载的东西，其中的收获会差十万八千里，哪怕你下载的脚本非常复杂，专业且具体，你也只能望“本”兴叹——看不懂啊！所以，自己动手才能丰衣足食。

2.2.2 利用脚本完成剪辑

剪辑往往是比较耗时的，但是如果提前写好了脚本，按照脚本整理素材并粗剪，那么工作效率就会显著提高，但前提是要按照脚本来拍摄。

剪辑

现在的手机基本上都能拍摄 1080P 60 帧的素材，因此如果一天拍摄下来，素材不仅多，而且占用空间大，无论你是按照拍摄时间顺序还是故事的发展顺序来整理素材都非常耗时。我有一个习惯，每次拍摄都先把脚本中的内容拍完，保证在剪辑的时候，大部分的素材可用，然后再临场发挥拍一些素材，这样就可以保证素材的冗余足够后期的发挥。

手机版剪映有一个脚本创作功能非常好，其中有很多优质作品的脚本可以免费使用，而且可以按照脚本进行拍摄剪辑并添加文案，这对于 Vlog 新手来说非常友好。其中有一期内容是我和剪映团队合作开发的露营 Vlog 的脚本。

我和剪映的研发团队开过一次脚本方面的电话沟通会，希望能够一起把剪映的这个产品做得更好。

剪映的创作脚本功能

2.3 提升 Vlog 画质和内容品质的关键技术

前文介绍了很多关于脚本的知识，“兵马未动粮草先行”，脚本就是粮草，有了粮草就要实战了。本书后面几章的内容，我都会结合前面的思路和方法，讲述提升自己 Vlog 品质的方法。

2.3.1 保证画质的关键要素

画质是大家最关心的问题之一，为什么别人的视频画质那么好，为什么别人的视频调色那么舒服，为什么别人的视频那么稳定丝滑，等等。没错，画质是 Vlog 最直观的呈现效果，它是我们看到一个视频的第一感受，抖动的画面、模糊的画质、怪异的调色，观众肯定是会立刻划走的。

现在无论是手机还是微单相机，都能拍出高清画质的视频，2K、4K 甚至 8K 都已经很常见，例如，B 站已经能够播放 4K 超清视频了，画质优秀的视频在现在的手机、计算机的高清屏幕上，会有非常震撼的视觉冲击力。但在这里我想告诉大家，决定画质的因素中，有哪些是你可能会忽视的。

1. 光线

你肯定去照相馆拍过 1 寸证件照，当摄影师让你坐在指定位置的时候，面前会有至少两盏非常亮的摄影灯对着你，有的证件照摄影师还会开闪光灯，以保证你的面部足够清晰，这足以证明光线在摄影中的重要性。

在视频拍摄中，光线更重要。尽可能地找光线好的地方，不要迷信在后期处理中可以调整曝光，如果前期拍摄时光线不理想，在后期调整时，画面中的噪点一定会让你抓狂。

在拍 Vlog 时，建议配一个小型补光灯，这样无论是自拍还是拍摄物品、食品等的特写时，都会对画质有非常大的帮助。

上图开启补光灯，下图关闭补光灯，差别明显

左图没有开启补光灯，右图开启补光灯，差别明显

在自拍或者拍摄空镜时，尽量采用顺光拍摄，避免逆光。想要拍出逆光的特殊效果除外。

在光线不好的情况下，慎用升格拍摄，升格拍摄每秒记录的画面信息量大，对于设备要求高，如果进光量不足，画质会非常差。

2. 慎用数码变焦

在说这个问题之前，我们先来说说数码变焦和光学变焦的概念及区别。

光学变焦是真正的物理意义上的变焦，也就是通过光学镜片改变焦距，从而实现拍摄远景的目的。

微单相机的变焦镜头就是光学变焦镜头

而数码变焦则不是物理意义上的变焦，其实它是一个数字裁剪功能，我们在后期剪辑软件中把视频放大的过程，其实等同于数码变焦的过程，这个过程会损失一定的画质。

明白了相应的概念，在用手机拍视频的时候，就应该尽量使用手机的光学变焦，而不要使用数码变焦，这样才能保证画质不受损。例如，华为 P40 Pro+ 手机可以实现 10 倍光学变焦；iPhone 13 Pro 的长焦镜头，能实现 3 倍光学变焦。

手机光学变焦的效果

手机数码变焦的效果

前期拍摄时，在手机存储空间允许的情况下，尽量拍摄 4K 素材，这样在后期剪辑时，可以进行一定程度的裁剪，将画质损失程度降到最低。

3. 善用固定机位

很多 Vlog 创作者喜欢用固定机位拍摄，李子柒就将固定机位拍摄用到了极致，一个 Vlog 的固定镜头占比高达 70% 以上。这说明要想说清楚一件事，用固定机位不比运动机位差。

固定机位拍摄能够保证画面稳定，稳定的画面也会让手机的计算负担降低不少。但固定机位拍摄也并不是说将手机或相机放在那里，就能有优秀的画质了，还需要注意以下问题。

锁定对焦和曝光。将手机固定好后，在屏幕中长按视觉中心，也就是想要曝光和对焦准确的那个区域，这样手机就会自动锁定该区域的曝光值和对焦点。其好处就是可以避免画面忽明忽暗并最大限度地避免对焦不准确。

固定机位拍摄，一定要锁定对焦和曝光

固定手机并不能像固定相机（具有翻折屏幕功能的机型）那样有可以翻折的屏幕能够看到拍摄的实时画面，这也是手机固定机位拍摄的最大痛点，但也不是无解，只要确定好要拍摄的范围和构图，再锁定曝光和对焦，手机的广角镜头应该都能够拍到你想覆盖的范围，只要不进行大范围的移动即可。

4. 善用升格拍摄

什么是升格？你肯定会第一时间想到慢动作，没错，慢动作伴随着背景音乐的渲染，往往能快速烘托视频的氛围。我们要想拍好升格视频，必须先了解手机或者相机拍摄升格视频的工作原理和操作方法。

正常拍摄的视频，是以每秒 24 格画面组成的，也就是 24 帧 / 秒，而升格是在实际拍摄时采用高帧速率拍摄，以实现流畅的慢动作效果，一般以 60 帧 / 秒、100 帧 / 秒或者 120 帧 / 秒完成拍摄，也就是 1 秒记录的画面可以为 60 张、100 张或者 120 张，通过多记录的信息，保证慢放视频显示效果的流畅性。

手机上的升格拍摄叫“慢动作”

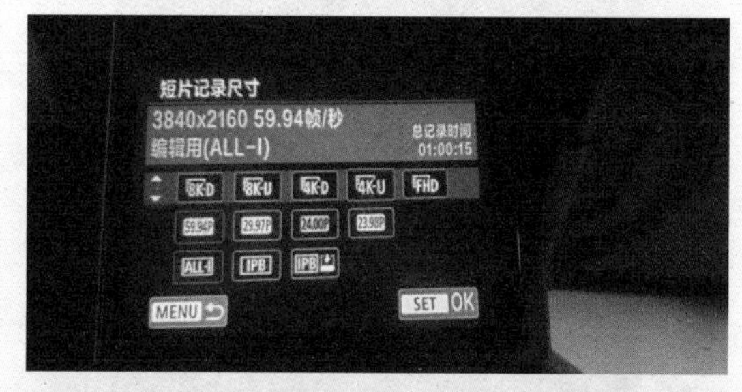

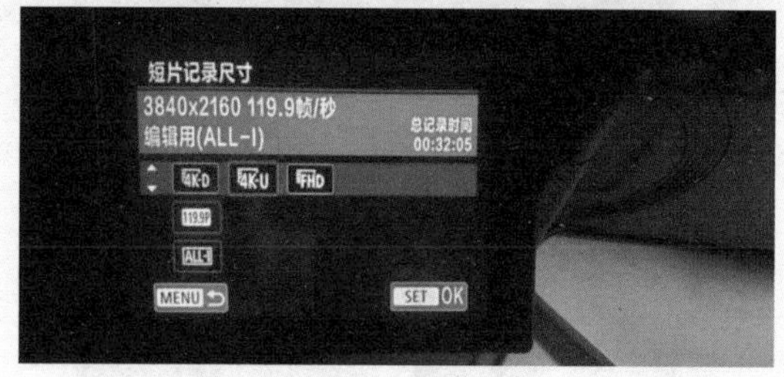

相机中可以设置帧速率

拍摄升格视频时，我们需要注意快门速度和拍摄环境。在视频拍摄中，帧速率决定了快门速度。一般我们是这样设置的：将快门速度的分母设置为帧速率的 2 倍左右，例如，需要拍摄帧数率是 25 帧 / 秒的影片，那么快门速度就设置为 1/50 秒；如果需要拍摄帧数率是 60 帧 / 秒的影片，那么快门速度就设置成 1/125 秒；需要拍摄帧数率是 120 帧 / 秒的影片，快门速度就要设置为 1/250 秒，因为符合这个比例，才能保持自然的观感和拖影效果。

4K 59.94帧/秒的快门速度一般为1/125秒

将相机设置为 4K 59.94 帧 / 秒，快门速度就要设置为 1/125 秒，如果拍摄 120 帧 / 秒升格，快门速度就要设置为 1/250 秒，表明升格拍摄需要更多的进光量。因此，在弱光环境或晚上拍摄，选择升格拍摄尤其要慎重，因为光线不足时升格画面很容易出现噪点，这样在后期处理时，无论是升格还是降格处理都会很受限制。

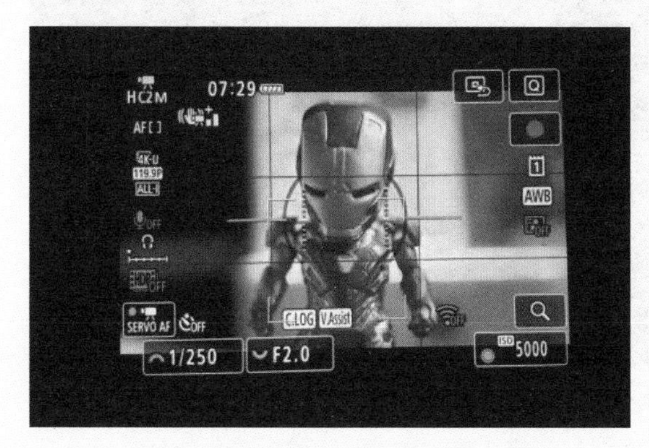

4K 119.9帧/秒的快门速度一般是1/250秒

2.3.2 保证内容品质的关键技巧

在保证画质优质的前提下，内容为王。而学习内容就要多观看优质作品，借鉴这些优质作品的拍摄手法、景别构图、故事表现手法等，多接触更多的创作者和不同风格的作品，对开阔自己的眼界，跨越思维壁垒，是非常有帮助的。

观看电影是接触最高水准的视听语言、画面效果以及故事架构最直接的方法，但如果不是从事电影行业的人，很难接触到电影的创作环节，那么我们该如何更好、更快地学习到更多关于电影的相关知识呢？有一个好办法就是拉片。

多看电影，提高自己的审美素养

这里列出 10 部对于拍摄剪辑很有帮助的电影，大家可以去试着拉片分析一下。

《热血警探》《谍影重重 3》《梦之安魂曲》《消失的爱人》《爆裂鼓手》《上帝之城》《超脱》《惊魂记》《教父》《1917》。

另外，一些优质的 Vlog 作品也很值得进行拉片分析，从而不断提升自己拍摄视频的内容质量。我经常进行拉片分析，对于拉片带来的好处深有体会。在我们读书时，读到能让你产生共鸣的段落或者句子时，能够感同身受、不由自主地感受到作者看到的、听到的、闻到的世界，而拉片分析和读书是同一个道理，我们看到一部优秀的作品，在感同身受的同时，也可以通过拉片“钻进”创作者的脑海中，去看他看到的世界，听他听到的世界，闻他闻到的世界。

正确而高效的拉片是初学拍摄 Vlog 的人一定要去尝试的好办法。为什么这么说？在两年前，我也是一个视频拍摄小白，看到别人拍摄的优秀视频，除了“哇塞”，就没有之后了。看过没有分析，自己的水平永远无法提高，你也不可能去问创作者是怎么拍摄的，通常也没有这个机会。所以，自己拉片是性价比最高的学习拍摄和剪辑的方法。再极端一点儿，拉片总比市场上那些收费课程的性价比要高很多吧。

在这里我也把拉片的方法和步骤分享给大家。

下载自己喜欢并准备学习的视频→导入剪辑软件→找出视频中每个镜头的剪切点→把每个镜头截图都做成表格→分析景别、构图、转场、调色→得到自己对于拉片的第一手资料→模仿→不理解的地方寻找解决方法→再模仿→比较→总结。

这个过程，是我亲历并亲测有用且能够快速掌握拍摄和剪辑思维的方法，下面将主要步骤进行详细讲解。

1. 下载

看到自己喜欢的视频决定要进行拉片，就建议下载下来，如果不能下载，最好的办法就是录屏，保存下来的视频切记不要外传，独自学习即可，如果确实需要进行传播，必须获得创作者的同意。

2. 导入剪辑软件

有些人不理解，视频直接看不就行了，为什么要导入剪辑软件？这里有两个好处，一个是可以逐帧观看影片，另一个是可以方便对作品进行拆分。

每一部值得拉片的作品都要在剪辑软件中慢慢赏析

逐帧观看的好处是，你可以很直观地看到创作者是如何连接每一个镜头的，每一个转场是如何设计的，创作者为什么要在这里剪切，目的是什么，逐帧观看可以更好地看到这些信息。

在剪辑软件中，你可以更好地对视频的内部元素进行查看，看调色，看音轨，并且一定要把每一个片段剪切出来。在剪切的过程中，你就可以更好地理解创作者的思路，这个办法非常有效。

3. 做表格

剪切、分析后要形成一个具体的文件，才算整理归纳成了自己的东西。我会在这里给大家一些表格模板，可以用来参考学习。当然，你也可以对表格进行修改，并最终形成适合自己的拉片表格。

一个四季拉片脚本（可操作版本）							
总时长：1分54秒		镜头数量：				83个	
BGM：Hanataba 歌手：acari 专辑：HIGA YOKU ATARU		导演				叶灿塘	
编号	景别/构图	运镜	文案	时长	转场	说明	调色
1		固定	无	6	切	大远景交代人物环境	单色调绿色，女主黄色衣服
2		移镜	一个四季	3	切	逆光、风吹、背影同时标题出现，提前设计好标题出现的镜头构图很重要	逆光
3		背跟	无	1	切	背跟镜头，模仿男主第一视角	拍摄时光线强可以用ND减光镜
4		移镜	无	2	切	仰拍移镜中景，主展现樱花	粉色单色调

布兰登李红酒拉片脚本第一辑（可操作版本）					
长：5分41秒	镜头数			154个	
M：布兰登李自创	导演			布兰登李	
景别/构图	运镜	时长（秒）	转场	景别内容说明	转场说明
	横移	1	闪切	这一段属于广告的开篇，用了铺陈手法，俗称："戏剧钩子"，传递短片的秘密或者问题：谁在森林奔跑，为何奔跑	闪切能使观众对人物的见闻感同身受
	横移	1	黑场	切换景别，继续奔跑画面	这里连续插入几个黑场转场，是观众对接下来发生的事情充满期待
	横移	3	切	切换景别至远景，继续奔跑画面，交代人物时间地点场景	
				接上一个镜头，继续补充信息，是谁在跑？女主的中特	

挪客户外拉片脚本（可操作版本）						
总时长：36秒			镜头数量：24个			
BGM：California			转场：硬切			
镜号	景别	运镜	文案	时长（秒）	转场	备注
1		固定	无	1	切	全景交代场景，人物走入画框，人物出现 注意构图以及人物
2		固定	无	1	切	切到中特写，交代物品
3		固定	无	1	切	依然是中特写，交代物品
4		固定	无	1.2	切	特写，交代物品细节
						特写，交代物品细

我的部分拉片表格

4. 模仿

你对优秀作品进行拉片后整理好的表格，其实就是一份拍摄脚本，拿着它就可以用手机去模仿拍摄，通过模仿就可以在拍摄过程中发现更多的技巧——他的这个镜头是怎么拍的，他原来用的是这个景别，为什么此刻要用这个景别，等等。

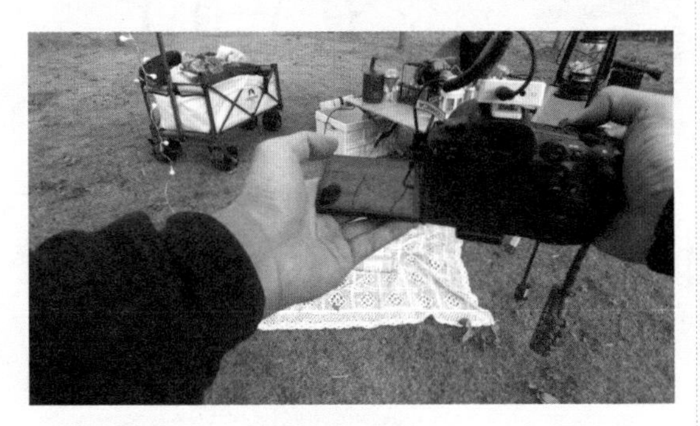

模仿是学习的第一步

5. 寻找解决方法

模仿拍摄并剪辑成片之后，你会发现你拍摄的视频和原片的视频质量还有很大差距，这很正常。你可以一笑了之然后放弃，但既然你都做到这一步了，说明你是一个善于寻找和解决问题的人，只需要再往前走一步，就会豁然开朗。

你要认清事实，看到差距，这些所谓的“差距”，到底是在什么环节。清晰度不够，从设备和灯光找原因；画面调色不行，那就从色彩原理开始学习；剪辑点总感觉很生硬，那就从拍摄分镜开始练习。总之，每一个问题都会有对应的解决办法。

还有一个办法，就是直接联系创作者。大家看到这里一定会问，怎么去联系创作者啊？那些大V每天那么忙，哪有时间看我们的问题。其实究其本质的原因，是你不会问一个好问题，好问题才会引起那些大V的关注。例如，曾经有一个人问了徐小平一个问题，徐小平在百忙之中不仅回答了他的问题，最后还给他投了资。

他是这样问的：“你好，徐老师，我是一个大学生创业者，我公司的年营收入额有一千多万元，但是我很不开心……”看到这个问题，徐小平老师很快就联系了这位创业者。

这个例子说明，一个好问题比一个好答案更重要，好问题能迅速引起关注，而一个好问题，往往是从实践中思考得来的，所以，拉片模仿找出自己的问题，就显得格外重要。

6. 复盘总结

通过模仿，发现的问题得到了解决，复盘的就是要避免下次出现同样的问题，同时也能诞生一些新的思路。记得在我之前复盘的时候，只会用脑子，从来不用手。现在计算机、手机记电子笔记都非常方便，例如使用《印象笔记》就可以随时记录每次遇到的问题，而且计算机和手机可以随时同步，方便快捷，资料永不丢失。

后面的章节，我将继续介绍拉片的具体方法，以及拍摄剪辑的相关技巧。

相机

手机参数

拍摄设备

小型拍摄设备

收音设备

第3章

完美画面

——构思完成、付出实践，开拍吧！

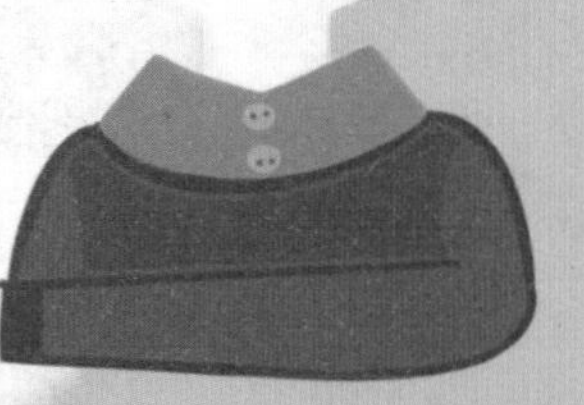

如何拍好vlog

丰富的内容

运镜

角度

画质

音质

前文为大家梳理了 Vlog 的系统知识，现在想必都已经迫不及待地想要开始拍摄了吧？本章将从拍摄的相关设备以及如何用好这些设备开始讲解，让它们为你的 Vlog 创作发挥最大的作用。

3.1 拍摄设备

3.1.1 选择合适的设备

既然是视频创作，那就免不了使用拍摄设备。在选择拍摄设备这个问题上，我走了不少弯路。为了让大家少走弯路，这里我从性能参数、便携程度两个方面来重点剖析选择设备的一些知识。

之前我说过，拍摄器材在整个 Vlog 创作过程中，其实不算特别重要，而且我始终认为，没有最好的器材，只有是否适合你的器材，这里的“适合”二字，可以为你省钱。

不可否认，好的设备会带来更好的画质、景深效果、色彩等，但是画质、景深、色彩仅起锦上添花的作用，Vlog 更重要的部分在于内容的呈现、故事的逻辑以及对于节奏的把控。因此，一开始，我们只需要用好手里现成的、合适的拍摄器材来创作 Vlog 就足够了。

小川建议：很多人在决定拍 Vlog 时很可能是三分钟热度，因此，不要急于购买昂贵的拍摄器材，选择合适自己的设备至关重要。

什么是“合适”呢？

首先想好自己创作 Vlog 的类型是什么？然后依据拍摄类型选择设备。

就以我来说，我不是一个旅拍 Vlog 创作者，而是一个知识分析型 Vlog 创作者，所以，画质、光效和音质是我首先要考虑的因素，其次是设备的便携性，因此我的设备如下所述。

相机两部——佳能 EOS R5 和富士 XS10，它们的用途各不相同。佳能 EOS R5 是我的主力机，拍人物和风景视频时用得比较多；富士 XS10 用来拍照片比较多，富士直出的照片色彩可以省去我后期修图的时间。

富士XS10

佳能EOS R5

大疆 Action2 运动相机，这款运动相机一般用来拍第一人称视角，或者拍一些相机、手机都难以拍到的角度，而且大疆这款运动相机防水，稳定性非常好，画质也很不错，防抖性能优秀，有些拍摄要求不那么高或者需要特殊视角的场景会使用它拍摄。

大疆Action2运动相机

稳定器我有两款，飞宇 AK200C 微单稳定器和魔爪 miniMX 手机稳定器，“八爪鱼”是宙比的 JB01058。

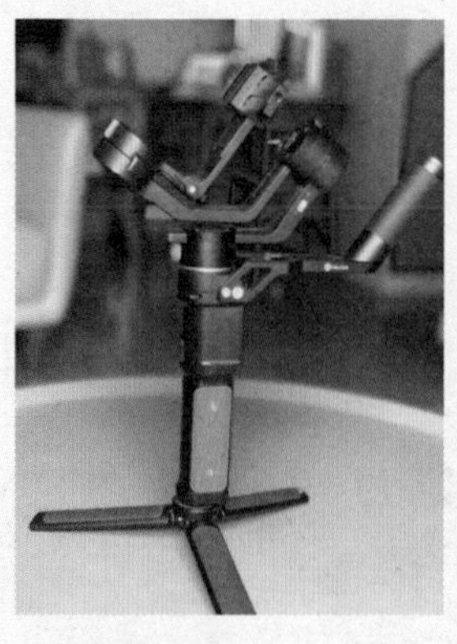

飞宇AK200C微单稳定器　　魔爪miniMX手机稳定器　　宙比“八爪鱼”

收音设备，相机用的是科唛的无线麦克风，手机用的是音符悦动无线麦克风，日常使用完全够用。

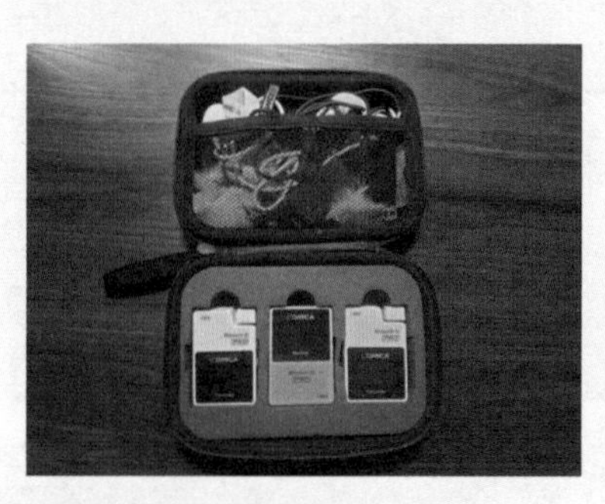

科唛无线麦克风　　音符悦动无线麦克风

照明灯用的是锐玛的方形补光灯，还有乐士欧的小型补光棒灯，出门携带非常方便。

锐玛的方形补光灯和乐士欧的小型补光棒灯

如果你是一个 Vlog 新手，看到这么多设备肯定会不知所措，但不要着急，如果你只有一部手机，那你只需要去买手机稳定器和一个无线麦克风，就可以开始拍摄了。

所以，我先从手机及相关设备开始说起。

你肯定看过陈可辛导演用 iPhone X 拍摄的微电影《三分钟》，无论其使用了多少附加设备，也无论后期剪辑包装有多强大，至少说明了一个问题，手机拍一部短片是完全足够的。

陈可辛导演用iPhone X拍摄的微电影《三分钟》

在几乎人手一部手机的时代，手机就是最合适的拍摄设备。

因为传感器等先天缺陷，手机拍的视频无法与相机的画质相比，但是通过这几年手机影像的迅猛发展，各大厂商在手机影像的硬件和软件算法方面都有了大幅提升，特别是手机视频方面，三星 S22 等旗舰机型已经能够拍摄 8K 视频了，iPhone13 Pro Max 用“电影模式”能拍出视频虚化效果，但旗舰机的价格也都不便宜。

iPhone13 Pro Max　　三星S22 ultra

现在的手机基本都能够拍 4K 甚至 8K 的视频，其实这种参数对于 Vlog 的日常拍摄并没有太大的实际意义，占用手机内存大、导致机身过热、单次录制时长限制等因素，都成为了对 4K 或者 8K 视频的诟病。

所以，关于手机，我建议大家买一款拍视频效果好的手机，效果好表现在拍摄视频的帧速率、算法和存储空间这三个方面。

近几年手机影像硬件发展迅猛

首先是帧速率，我们打开手机的相机设置界面都会看到设置视频大小的选项，不同的数字代表手机摄像头每秒记录的画面数量，例如 30fps 的意思就是每秒记录 30 幅画面，60fps 就是每秒记录 60 幅画面。明白了这个，我们就知道，帧速率越高，视频记录的信息就越丰富。60fps 的视频可以在后期放慢 50% 效果不卡顿，这对于拍摄慢动作视频而言尤为重要。

所以，我们选择拍视频的手机，至少要支持 60fps，这样后期剪辑的空间就会大很多。另外，手机还有一个功能就是拍摄慢动作功能，可以拍摄更高的帧速率，例如小米 12 Pro 的慢动作功能就可以拍摄 1080P 120/240/960fps 的视频，能够捕捉到更多的细节。

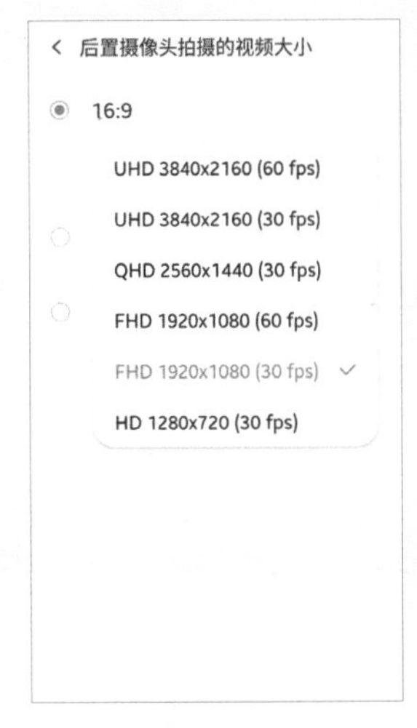

视频大小选择列表

第二就是算法，算法对于手机影像系统的作用很大，因为受到体积的限制，手机的光学模块和传感器不可能做到和相机一样，所以手机只能通过提高算力，弥补物理光学方面的先天缺陷。在视频算法方面，iPhone 一直是做得非常好的，无论是白平衡的校准、色彩的还原程度，还是 iPhone 13 Pro 能够在视频中实现背景虚化效果的电影模式，都是用算法来弥补物理光学缺陷做得比较好的地方，华为 P50 Pro 在视频算法方面也非常优秀，总之，如果你想在拍视频时，其算法能够做到准确、高效，建议购买各厂商的旗舰手机。

华为P50 Pro

再一个就是存储空间，更高的帧速率和优秀的算法，拍出来的视频质量会更好，但是也会带来更大的存储消耗。例如，1 分钟的 4K 30fps 的视频就是 350MB 左右的存储消耗，4K 60fps 就要 550MB 左右，随便拍个几十分钟的素材就要占几十 GB 的存储空间，但手机又不像相机只用来存储影像资料，手机还要存储音乐、图片、应用程序，这些也是非常占存储空间的，所以，尽可能选择 256GB 或者更大存储空间的手机。

小川建议： 手机能够拍 1080P 60 fps 的视频，存储空间在 256GB 以上，基本就能应付绝大多数 Vlog 拍摄的场景了。

所以，我建议大家，在经济条件允许的范围内，不要被商家的营销噱头所迷惑，被一些性能参数所蛊惑，一定要亲自去体验一下视频能力。下面推荐几款不错的手机。

（1）iPhone。

iPhone 的视频能力一直在第一梯队，虽然近几代 iPhone 的解析度始终保持在 1200 万像素，但 iPhone 的 A 系列芯片始终在进步，而且像素和视频的画质并不是正比例提升的关系，也就是说，像素越大并不能提升视频的画质。例如，目前索尼的 α7 S3 相机也只有 1200 万像素，但依然是微单相机中视频能力的佼佼者。

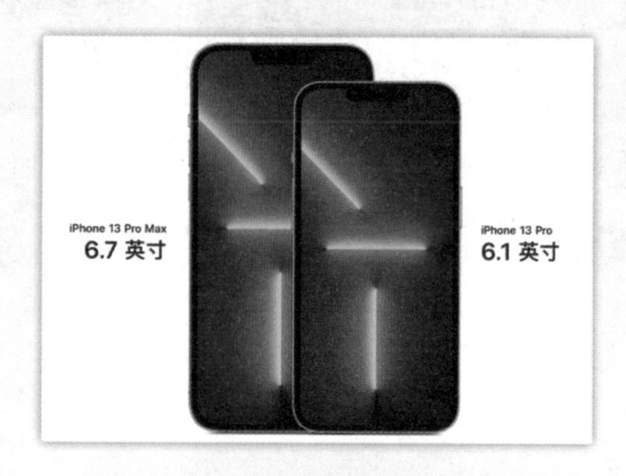

iPhone13 Pro Max和iPhone13 Pro

今年发布的 iPhone13 Pro 和 iPhone13 Pro Max 得益于其 A15 芯片的强大处理能力，提供了视频虚化的算法，这对于提升视频质量又是一个不小的帮助。

iPhone13 Pro Max拍摄的视频虚化效果

所以，如果你正打算考虑选购一部视频能力优秀的手机，iPhone 是首选。

小川建议： iPhone 的视频能力一直是手机界表现最好的，只需要在意存储空间即可。平时拍视频多就选择 512GB 规格的。

（2）小米。

小米是国产手机中，系统优化做得最好的厂家。在影像功能的探索中，小米也不甘落后，是国产手机影像功能的佼佼者，特别是小米 12 Pro 升级的影像功能，其 Vlog 模式有很多模板，随手拍几段就可以自己生产一段不错的 Vlog 视频，这对后期剪辑非常友好。

小米12 Pro的防抖和Vlog功能

“超级防抖”和“超级防抖 Pro”功能对于手持拍摄有很大的帮助，在边跑边拍的情况下，依然能够保持很好的稳定性。另外，小米手机在拍视频的时候，打开语音字幕功能，可以将拍视频时说的话实时转换为字幕，而且识别准确率很高，这个功能对于 Vlog 创作者来说非常实用。

小米12 Pro的语音字幕功能

总之，小米拥有苹果手机没有但很实用的拍摄功能，很值得推荐。

（3）三星。

三星从 note7“爆炸门”之后，在我国的市场份额急剧下降，落寞到几乎要退出的尴尬境地，但是 2021 年三星通过优秀的手机产品逐渐回暖，其 S 系列手机达到了安卓手机阵营中的影像旗舰水准，得益于三星在手机硬件方面的全球霸主地位，其手机的硬件包括摄像头、屏幕都是顶级的，但价格方面也和 iPhone13 Pro 不相上下。不过，不习惯 iOS 系统的用户，三星手机是一个不错的选择。

三星S22系列手机

三星 S 系列的成像素质很好，曝光准确，加上光学防抖，非常适合 Vlog 创作。

小川建议： 手机尽量选择各家厂商的旗舰机，技术新、售后有保障。

手机选好了，下面我们选购一下拍摄附件，包括稳定器、三脚架和自拍杆等。

拍 Vlog 难免会遇到自拍和运镜的环节，添置一个手机稳定器就可以很好地解决这两个问题。

手机稳定器，建议选择折叠起来小巧的，有的稳定器折叠起来体积较大，不利于收纳，而且折叠比较费劲，这类稳定器对于拍摄效率有很大影响，选择的时候一定要多注意。

手机稳定器可以解锁很多视角

对于手机摄影的操作，很多稳定器厂商根据各种手机型号也做了相应的适配和优化，用专门的 App 来丰富手机的拍摄功能，因此，一定要买有 App 支持的手机稳定器。

稳定器的好处不只是提供稳定的画面，还可以有很多拍摄玩法，熟练使用后，可以丰富你的 Vlog 视频内容，例如，各种稳定的运动镜头和延时摄影等。下面推荐几款不错的产品。

（1）魔爪稳定器。

魔爪稳定器性价比高，收纳方便

魔爪稳定器体积很小，具有出色的防抖性能，重量也仅有400多克，出门携带很方便。不仅如此，它还支持原生相机拍照和拍视频，用蓝牙连接好就可以直接使用，很方便。

而且，魔爪稳定器的 App 内置丰富的创作模板，可以根据模板来制作相应的短片，而且拍同款功能还能指导你如何拍摄和剪辑，非常实用。

魔爪稳定器的拍同款功能

（2）智云 SMOOTH 稳定器。

智云 SMOOTH 稳定器做工好、负载重量大、稳定性好、收纳方便，而且App操作界面简单明了，在待机状态下还可以接打电话，人性化设计较多。

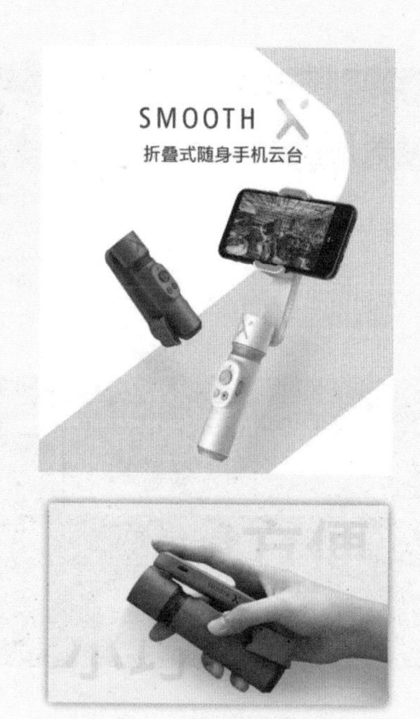

智云SMOOTH稳定器是目前小巧稳定器的典范

小川建议：使用手机稳定器前一定要将手机放在合适的位置，即调平，否则电机工作时会加速耗电。

手机拍摄还需要一些必备的拍摄附件，下面推荐几款不错的产品。

（1）云腾手机蓝牙遥控三脚架。

云腾三脚架能通过蓝牙控制手机拍摄

云腾的三脚架做工优质，高强度铝合金保证了其稳定性，附带的遥控器能够轻松遥控手机进行拍摄，同时也适用于相机，如果你的第一款三脚架还不知道怎么选，云腾不会让你失望。

（2）小米支架式自拍杆。

价格便宜，可拿可放

这款产品既是三脚架也是自拍杆，其做工结实，支持 3 个方向调节，前后各 180°，支持俯仰和顺时针旋转，横拍、竖拍都没有问题，旋转的阻尼感也不错。通过蓝牙控制，方便自拍和固定机位拍摄。但是其蓝牙遥控器有点儿小，容易丢失，用完不要忘记放回卡槽。

（3）八爪鱼。

八爪鱼是我比较喜欢的支架

八爪鱼三脚架的品牌很多，大家可以自由选择，其最大优势就是灵活架设，用普通三脚架无处放置的情况，八爪鱼都能胜任。例如在护栏边、不规则的石头上，总之，只要八爪鱼能够牢牢抓住的地方，它都可以胜任。

如果是安装单反、微单等比较重的设备，推荐选择 JOBY 宙比八爪鱼，它能够承重 3~5kg，而且云台也非常给力。

如果需要经常架设微单相机，JOBY宙比八爪鱼是不二之选

选择八爪鱼要注意它的柔软度和回弹力，一般来说，柔软度决定了它的弯曲程度，回弹力决定了八爪鱼能够抓得多稳。

小川建议：支架可是架着你几千块买的手机，所以不要贪小便宜，尽量选择质量好的支架。

灯光不好，画质糟糕。手机因为传感器的限制，在暗光环境下拍摄的照片噪点明显，哪怕有算法优化的加持，拍照片还好，但是拍视频的优化效果不是很明显。所以，一款便携小灯有时候往往能够起到事半功倍的作用。

（4）RGB 方形充电摄影灯。

市场上的方形小型补光灯的补光模式大致分为两种，色温模式和彩色 RGB 模式，建议直接购买 RGB 模式的摄影灯。

这种小灯一般都有一块特制的柔光板，另外其中灯珠的构造也是交替分布的，以保证光线柔和和均匀。选择时不仅要关注其亮度，显色指数也很关键，另外，续航、安装等因素也要根据自己的使用场景多加考虑。

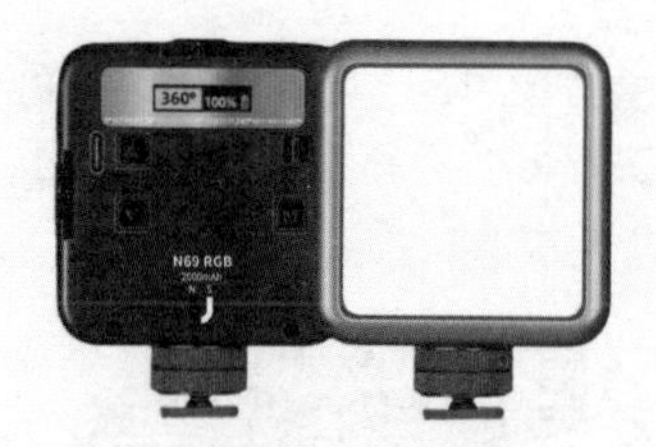

优篮子小型RGB补光灯

锐玛 RGB 补光灯的做工优秀，支持 HSL 全色彩范围覆盖，这就增加了其使用场景。显色指数为 RA>95，在为人物或美食打光时，都有不同的色温值可供选择，同时其也非常轻薄，只有手机的厚度，安装也很方便。

锐玛RGB补光灯

乐士欧 P100 小型棒灯是一款做工优秀、显色指数大于 95 的补光灯，其配置的遥控器可以调节各种颜色，能够磁吸安装灵活方便，而且还能充当充电宝，是一款性价比很高的摄影补光灯。

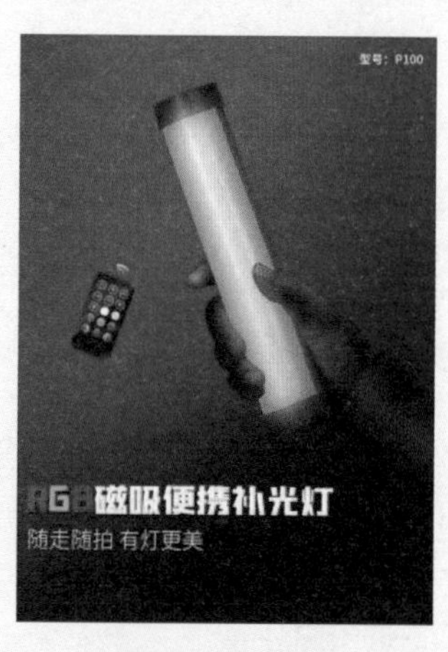

乐士欧P100小型棒灯

> 小川建议：显色指数、色彩选择和续航时间是 RGB 小型补光灯的首要考虑参数，当然，抗摔指数也需要关注。

（5）手持兔笼。

很多专业电影制作团队在用手机拍电影时喜欢使用手机兔笼，这种装置不仅给手机稳定拍摄带来了优秀的手感，还能在兔笼上增加额外的配件以提升性能。

手机兔笼可以增加很多配件

例如，在手机兔笼上可以安装 LED 方块摄影灯、外置麦克风等。其周身带有多个 1/4 螺纹孔及冷靴接口，方便外接三脚架，而且兔笼还可以起到保护手机的作用，甚至还可以外接更多的手机镜头。

> 小川建议：手机兔笼价格不便宜，在购买之前请认真考虑自己是否有相关的需求。

3.1.2 手机参数

我们打开手机的相机设置界面，一般都会看到很多参数，例如视频尺寸的选择包括 12M（4:3）、8M（16:9）、9M（1:1）等，这些选项都是什么意思呢？下面逐一进行讲解。

拍摄前设置好手机的相关参数

12M（4:3）中的12M代表照片尺寸，4:3代表照片的比例，M是Mega Pixel（百万像素）的缩写，12M就是12×1000000像素，也就是1200万像素。

手机的分辨率设置

而视频中常用的比例是16:9或者竖屏的9:16，16:9的比例包括很多分辨率，常见的有3840×2160（超高清4K）、2560×1440（2K）、1920×1080（1080P全高清）、1280×720（720P高清）。

手机的画幅比例设置

视频像素就是分辨率之积，1920×1080分辨率总共有2073600像素，即两百多万像素。数字影院的2K分辨率是2048×1080，也是两百多万像素。视频是由多张图片在一定时间段内依次播放而形成的，每一张图也就是一帧。

手机的1920×1080/60就是全高清分辨率，每秒记录60帧画面，帧数越高，每秒记录的画面就越多，好处就是在后期慢放时会很顺滑，弊端就是越高的帧速率拍出来的视频文件越大，越占手机存储空间。

手机的帧速率设置

像素越高的手机，对于提高视频单帧画质的帮助并不大，帧速率越大的手机，则说明手机拍摄性能越强悍，这就是为什么很多国产手机拥有1亿像素的分辨率，但是拍视频和只有1200万像素的iPhone在画质上没有本质区别的原因。因此，这里也提示大家，如果你是以拍视频为主的，像素不是必要的参考值。

小川建议： 在选择手机时，一定要亲自试一下手机拍视频的防抖性能和暗光环境的画质。

3.1.3 相机

相机的画质和收音效果比手机好很多，想提升这两方面效果的创作者，可以选择用相机拍Vlog。

富士XS-10相机

微单相机比传统的单反相机体积小了不少，多了更多的电子辅助功能，而且可以实现视频自动对焦。现在的相机技术已经发展得比较均衡，各个品牌同价位的机型差异不是特别明显，但是有几个差别还是能够为我们选择相机提供帮助的。

单反相机

微单相机

视频创作要用微单相机而不是单反相机

微单相机拍视频相较单反相机有很大的优势——更小的体积和更优秀的自动对焦能力，而且画质也比单反相机要好很多。此处就给大家系统讲解选择 Vlog 微单相机的四点注意事项。

1. 续航

续航在旅拍过程中影响较大。现在的微单相机为了提升便携性，越做越小，随之带来的问题就是电池容量越来越小，就拿我现在使用的富士 XS10 微单相机来说，其各方面性能都很均衡，唯独电池容量小，所以我购买了 4 块备用电池。

备用电池

因此，作为一款 Vlog 相机，需要长时间拍摄，续航应该是你首要考虑的问题。

2. 对焦

对焦是现在很多人特别重视的性能，因为对不上焦，后期剪辑无论如何也弥补不了，现在各个品牌相机的对焦性能有些许差别，但不像很多评测人员说得那么夸张。其实，对于 Vlog 来说，对焦能力够用的相机有非常多的选择，如索尼、佳能、富士的 Vlog 相机。

（1）索尼 ZV-1。

索尼 ZV-1 几乎提供了 Vlog 创作者所需的一切功能。领先的实时跟踪和实时眼动自动对焦系统，将使你在画面中移动时保持对焦，热靴也可以容纳外置麦克风或 LED 灯。

索尼ZV-1

索尼 ZV-1 的端口依然是老旧的 microUSB，但 24-70mm 镜头拍摄的画质很锐利，使用电子稳定器时，画面裁剪率提高了 25%。它的触摸屏并不能真正实现触控功能，例如，你能够用触摸屏来设置焦点，但不能控制主菜单或者操作快速菜单，而且该机没有耳机接口。所以，它的受众人群是那些想要比手机拍摄效果更好，又不想操作太复杂的人。

（2）佳能 G7 X Mark III。

佳能 G7 X Mark III 因其配置的 1 英寸传感器、等效 24-100mm f/1.8-2.8 镜头和出色的画质受到了众多 Vlog 创作者的青睐，而且最高可获得 20 张 / 秒的连拍速度，独立模式转盘和控制环增强了专业的操控感。随着拍摄 Vlog 的流行，G7 X Mark III 也顺应潮流，增强了自身视频拍摄能力，可以录制 4K /30P、1080/120P 视频。

佳能G7 X Mark III

（3）富士 XS10。

富士 XS10 的性能比较全面，拥有 2610 万像素 X-Trans CMOS 4 传感器并搭配 X 处理器 4，视频拍摄能力也很强大，可以拍摄 1080P 240 fps 的升格视频，拍摄 4K/30 fps 视频也没有问题。其出色的图像稳定系统，让手持拍摄得心应手。其缺点是容易发热，电池不耐用。

富士 XS10

3. 发热

微单相机因为体积小、拍摄分辨率高，所以长时间拍视频机身容易发热，特别是录制高规格视频的时候，发热现象非常明显，这是物理现象无法避免的。各种相机的发热情况评测大家可以去网络上搜索，我只是在这里提醒大家，一定要注意发热量这个指标，非常影响连续拍摄。

4. 直出（不经过后期调整）效果

直出是 Vlog 创作者应该在意的性能，如果你对于后期调色没有了解和足够的耐心，那么一款直出效果不错的 Vlog 相机就是你必备的利器。

目前市场上直出效果比较不错的相机品牌就是富士，生产胶片起家的富士公司对于色彩的研究有近百年的历史，对于胶片色彩得心应手，其把胶片时代的色彩模式全部还原到现在的数码微单相机上，在拍摄的时候就可以实时预览你想要的直出效果，而且其算法优化得很好，几乎不需要后期调整色彩，只需要知道各个胶片色彩适用的场景即可。

富士胶片的发展历史

目前我使用的佳能 EOS R5 体积较大，不适合作为 Vlog 相机，但是佳能对于人物肤色的调教非常到位，基本上等同于自然美颜。对于不愿意在调色方面耗费过多时间和精力的人，可以选择富士和佳能的产品。当然，也并不是说索尼、尼康、松下这些品牌相机的直出效果不好，只是和上面两个品牌对比，效果差一些。

其他功能，例如翻转屏，其实目前各品牌对于 Vlog 相机的翻转屏几乎都已经做成了标配，所以只要是选择 Vlog 相机，一般都会有翻转屏。

是否需要选购全画幅相机，我的答案是依据自己的财力和需求决定。

全画幅相机因为传感器更大，所以在画质上具有一定的优势。而且全画幅在表现细节方面更好，具有更好的高感光度和宽容度。在一些特殊环境下，例如在傍晚等弱光情况下拍摄，高感光度是非常重要的；全画幅能够表现的反差也更大，质感更细腻；全画幅的色深，也就是色彩表现力，较半画幅也更丰富。

全画幅相机的传感器

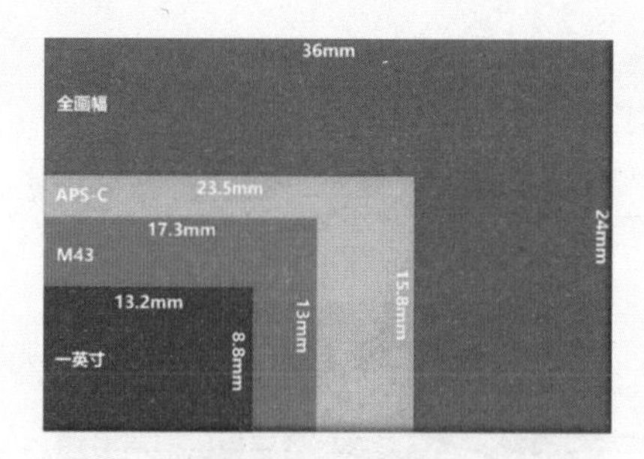

全画幅的传感器尺寸很大

全画幅微单相机目前的体积也有逐渐变小的趋势，索尼 α7C 是目前全画幅中体积最小的，很适合 Vlog 创作，便携性与画质兼备。而且对焦性能很出色，日常拍摄人物或者空镜完全没有问题。

索尼α7C全画幅微单相机

3.1.4 小型拍摄设备

对于一些运动场景，或者不太适合手机、相机拍摄的场景，小型运动相机可以胜任。OSMO POCKET、GoPro 和影石 360 运动相机都是超级便携且具备防抖功能的视频设备，适合 Vlog 创作者使用。

大疆 OSMO POCKET 的优点是做工优秀，物理防抖，稳定性很好，画质也不错，能拍 4K 高清视频；缺点是耗电快，夜晚画质噪点多，不防摔也不防水。

大疆OSMO POCKET

GoPro 的优点是电子防抖，稳定性不如 OSMO POCKET，但是日常使用可以胜任，画质比 OSMO POCKET 优秀，防摔防水，使用环境丰富；缺点是夜晚画质不佳，耗电快。

GoPro

作为辅助拍摄设备，这两款设备都可以胜任。

影石 360 运动相机只有拇指大小，可以很轻松记录第一人称视角。其体积小巧，拍摄操控简单，可以放置在很多地方拍摄，完全可以做到无感拍摄，可以让你的 Vlog 视角变得异常丰富。其缺点为发热快、持续录制时间短、夜晚画质不佳。

影石360运动相机

大疆 Action2 是大疆迄今为止最小的影像系统，可以拍摄 4K 120fps，支持 HorizonSteady 地平线增稳等强大的功能，采用“秒吸、秒拆、秒卸”的磁吸方案，可以实现很多拍摄角度。其优点是磁吸式的设计安装拆取方便，可以解锁更多拍摄视角；新增地平线校正和更强大的防抖功能；自动曝光非常优秀。其缺点是取消了前代的主动散热片设计，金属外壳比塑料外壳烫手，拍摄 4K 120 fps 的视频时会过热停机；相机镜头没有保护盖，且目前不可更换镜头。

大疆Action2运动相机拍摄效果

大疆Action2运动相机

小川建议：小型拍摄设备在Vlog创作中是不可或缺的，多一个机位多一个角度，拍摄的视频就会多一种可能。

3.1.5 收音设备

对于一段Vlog视频，声音的质量往往能够决定观众的去留。所以，一款好的收音设备就显得非常重要，这里推荐几款性价比不错的收音设备，可以适用不同的场景。

（1）Maiqua音符乐动无线麦克风。

优点：自带充电仓，续航时间久，音质可靠，操作简单，手机收音方便；缺点：只适用手机。

Maiqua音符乐动手机无线麦克风

（2）科唛麦克风。

优点：音质好，专业录音，支持内录，支持手机和相机，用途广；缺点：价格略高。

科唛Boom XD

（3）博雅MM1。

优点：直接插入手机或相机收音；缺点：收音距离有限。

博雅MM1

3.2 如何拍好Vlog

只有用好器材设备并持续不断地去拍摄、剪辑，才能得到好的Vlog。下面的内容我将用手机举例，为大家讲解一些拍摄技巧，希望大家可以在创作中举一反三，逐步提升拍摄水平。

内容的好坏决定了视频的吸引力，每个人对于内容和拍摄的“好”的定义是不同的，这里把“好”的标准定义为：内容丰富、角度多变、画面清晰、曝光准确、声音优质、节奏流畅。用这6个标准要求自己，逐项做到完善直至完美，你就离成为一个成功的Vlog创作者不远了。

设计Vlog

3.2.1 丰富的内容

每个人都知道内容的重要性，也有很多人知道什么是好的内容，但是能做出好内容的人却很少，这就和韩寒在电影《后会无期》中的一句台词是一样的道理：

“听过很多道理，却依然过不好这一生”。

生活中，我们都听过许多道理。例如，我们都知道“总是沉迷于手机是不好的”，但是很多人还是控制不住自己，一“刷”就是几个小时；再如，我们都知道每天坚持运动、早睡早起有利于身体健康，但是很多人知道却做不到。

有一个好的方法可以快速建立自己的内容库——勤奋地模仿。

模仿，就是去分析你喜欢的、优秀的、现有条件能够模仿的 Vlog 视频，研究创作者的构思、构图、转场方式等，然后，就是不断勤奋地去模仿。

给大家介绍几位优秀的 Vlog 博主，如果感到拍摄没有头绪时可以去看看。

（1）“俊晖 JAN”。

（2）蘑菇与阿由。

（3）Finch 小番茄。

（4）Leo 叔叔爱摄影。

（5）克里斯旅行狂魔。

（6）贰 _33。

看完以上 6 位 Vlog 博主拍摄的视频，你一定会有所收获，剩下的就是去勤奋地模仿吧。

模仿一段时间后，就会熟能生巧，在自己的 Vlog 中设计一些故事或看点。设计故事时需要对故事的结构有一个大致的了解，故事的结构一般分为开始、发展、高潮和结局。

开始：建立一个戏剧“钩子”，也就是期待，或者能够引起共鸣的开头，在想开头的时候，也要想好结局。

发展：不要让发展变得枯燥、无聊、平庸，加入一些搞笑元素，使其变成催化剂，也可以是别的，主要是让发展部分不平庸、枯燥。

高潮：高潮在故事的结尾，要将故事的意义放到最大，并且满足观众的期待。在这个时刻，观众和故事中的人物，真正心意相通、同喜共悲。

结局：结局要让观众惊喜、惊讶、回味或反思，考虑好能让观众得到一些什么。

以上 4 个架构，可以先逐一精通，再整体融合。

罗伯特·麦基曾说过，“故事是生活的比喻”。而我们拍 Vlog，绝大多数的素材都源于生活，好故事都来自真真切切的生活，认真把你生活中的故事用一定的方式表达出来，观众愿意看下去，你的 Vlog 就成功了。

观众会因为一个故事而记住你

3.2.2 运镜

运镜主要包括我们经常听到的推、拉、摇、移、跟、升、降等，在拍摄 Vlog 中，我们最常用的运镜方式是推、拉、摇、移、跟。

在拉片一部 Vlog 作品时，我们分析创作者的运镜，需要从两个方面入手。

※　创作者是如何运镜的。

※　创作者为何要这样运镜。

只有从这两个方面去分析并理解运镜，才能在我们实际拍摄模仿的时候，有针对性地运镜并能够明白什么时候才适合运镜。

1. 推镜头

推镜头是机位慢慢靠近被摄主体的方式，而且最好不要用镜头变焦的方式来充当推镜头的动作。知道了这个概念，你在模仿推镜头的时候，就会有意识地用相机或者手机慢慢靠近被摄主体，而且为了保持稳定，你可能会用到稳定器来协助完成推镜头的动作，同时还要保证焦点清晰、准确。那么推镜头的含义又是什么呢？在 Vlog 里主要包括如下内容。

镜头推进，突出你所想表现的主体

（1）突出主体。

如果你想突出表现一个主体，推镜头是再好不过的运镜方式了，随着镜头向前，景别由大到小，画面由整体慢慢到局部，观众立刻就能明白这个运镜你想表达的是什么。

（2）表现人物内心的情绪变化。

眼睛是心灵的窗户，电影中想突出表现人物内心的情绪时，会用推镜头的方法来展现眼神的变化，而推镜的速度引起的效果有所不同，快速推镜往往渲染紧张的情绪，慢速推镜带给观众复杂多变的感受。

2. 拉镜头

拉镜头和推镜头的运动方向刚好相反，具体的含义如下。

拉镜头展示环境

（1）表现主体与所处环境的关系。

这是拉镜头最常见的用法，例如拍摄探店 Vlog，可以先站在店门口给人物一个中景，然后后拉运镜展示人物所在的店面，这样就通过一个简单的运镜交代了人物所处的环境。

（2）调动观众情绪。

以一个物体的局部画面作为起幅，然后后拉镜头，慢慢展示物体的全貌，这样就可以制造一个想象的空间，和观众一起，完成从起疑到解惑的过程。

（3）作为片尾增加质感。

在 Vlog 视频的结尾，多会用后拉运镜来作为整部 Vlog 的结尾，也有揭示悬念和展示场景的作用。

3. 摇镜头

摇镜头就好比坐着打麻将，位置不动，但是视线一直随牌上下左右移动，摇镜头的含义和用法主要有以下几点。

（1）表现紧张、急促的情绪。

快速地在两个被摄主体之间摇镜头，可以表现紧张的情绪，手持拍摄稍微晃动更能烘托氛围。

（2）传递情绪。

电影中一般会用向右摇的镜头表现积极正向的情绪，这和我们浏览文字内容的顺序是一致的；相反，向左摇的镜头一般用来传达负面消极的情绪。

（3）用来转场。

摇镜头经过后期加速或者动态模糊处理，被很多 Vlog 创作者用来做转场，前期平稳摇摄，后期把两段摇镜头的素材加速模糊处理，就能够做出这种转场效果。

4. 移镜头

移镜头和摇镜头刚好相反，需要拿着拍摄设备不断移动，前面说的推镜头和拉镜头就属于移动镜头的范畴，当然，还有横移等。移镜头属于动态构图，能使画面不断变化，各种人物和景物不断变化，便于交代和叙述。

我们看到很多旅拍爱好者喜欢运镜，无论是手持移动拍摄还是利用稳定器辅助移动拍摄，都是移动镜头。移动镜头在 Vlog 创作中的使用率很高，例如街道大范围延时移动拍摄、环绕被摄者或者空镜拍摄、左右横移拍摄等。

还有一些升、降、甩等镜头语言在这里就不过多赘述了，Vlog 中常用的运镜就是以上这些。在拉片分析的过程中，需要利用这些概念去分析视频中的运镜手法——此时拍摄者用了什么运镜方式，为何在此时用这种运镜……

在分析了很多 Vlog 博主的作品之后，你会发现他们有一个共同点，那就是拍摄角度多变，而且变换的角度也不会觉得凌乱，这就是拍摄的基本功——变换角度。

想要表现一个场景给观众，如果一直是一个角度，你拍起来会很方便，但观众不会买单。例如“@贰_33”拍摄的 Vlog，看着很简单的日常生活，被他“简单”地拍成 Vlog 后，一切都变得不那么简单了。

不同拍摄角度带来的视觉感受是不一样的

在《拍摄手册》这本书中，导演斯托克曼说过，“多变的拍摄角度会让视频看起来丰富多彩。”对于 Vlog 而言，多变的角度虽然前期拍摄时比较麻烦，但这种麻烦是值得的，我在一期讲述拉片的视频中，分析过 @ 麻酱将的一个露营视频，视频多变的角度可以让视频看起来丰富多彩。

3.2.3 角度

在拍摄人物时，多变的拍摄角度也要遵循一些基本的拍摄原则。

1. 30°原则

30° 原则就是拍摄同一个物体时，前后两个镜头的夹角要大于 30° ，这样可以避免观众产生跳跃的感觉，可以不让观众注意到视频的剪辑，保证视频的连贯性。

拍摄同一主体时切换镜头拍摄角度尽量大于30°

拍摄同一主体时切换镜头拍摄角度尽量大于30°（续）

2. 头顶留白

在中景和近景的人物头部上方，一定要留出一定的空间，通常是屏幕的 1/5。过多或过少的空间不仅会让人物显得别扭，还会影响观众的视觉焦点。特写镜头的头部一般不留空间，甚至为了呈现眼睛和嘴巴的细微变化，还要把额头部分拍出在屏幕之外。

头顶留白

3. 视线留白

从人物的视线方向出发，到对向画面边缘之间的空白，称为“视线留白”。正常的留白如下图所示，人物在画面左侧 1/3 处，视线看向右侧，右侧留出空白，这样的画面是平衡的。如果留白区域与视线方向相反，画面就会失衡，看起来非常别扭。

视线留白

4. 寻找轴线

我们在旅游中拍摄一些风景，难免把游客带入镜头，要想拍出与众不同的画面，可以试着在构图时寻找看不见的轴线。

首先就是人与物之间的轴线，例如我们在公园里看见游客在拍花草，此时该如何构图呢？把摄像机放低，寻找不一样的视角，然后把人物、摄像机、花草看成一条轴线，这样建立的构图就比较舒适、自然。平时拍视频多寻找这样的轴线，能很好地表达人与物的关系。

人与物之间的方向轴线

其次就是物与物之间的轴线。物与物之间的轴线对构图的视觉效果也有很大影响。例如拍建筑物时，建筑物透视产生的轴线相交点叫“灭点”，构图时，灭点在画面中会引导观众的视觉重心；灭点在画面外，虽然牺牲了视觉重心，但也会引导观众更加注意全局。

灭点引导视觉重心

5. 寻找不同角度

在拍摄一些空镜时，例如风景、街道或者其他能够为 Vlog 叙事增加内容丰富性的镜头，尽量不要选择普通视角，毕竟大家每天常见的普通视角在视频中看起来会非常乏味。例如，在高角度俯拍或者低角度拍摄都是很不错的选择，虽然拍起来可能麻烦一些，但是得到的效果会出奇的好，我们看看 Vlog 博主“布兰登李”在首尔的旅拍视频，其中就用了很多的高、低角度来拍摄。

不同的角度带来不一样的视觉感受

6. 寻找前景

我们在选择拍摄角度时，可以在构图中凸显主体，或者让画面更有层次感，还可以有意识地增加一些前景。前景是从相机到被摄主体之间的这一段区域，拍摄视频时利用好前景，可以在二维的画面中营造三维的空间感。

首先前景必须强化构图，我们将前景纳入画面是为了增加空间感，注意这个前景必须强化这个镜头的构图，并且不能遮挡画面的主体，例如右图所示的这个画面，利用墙面的前景，就可以让画面有纵深感。

利用延伸的墙面作为前景会让画面有纵深感

其次就是用前景点缀环境。作为前景物体，需要有助于点缀画面，但又不能喧宾夺主，太过于明显，例如下图中，拿开着小黄花的树枝当前景，既不突兀，又让这个画面有层次感，起到了点缀的作用。

前景点缀画面以增加层次感

最后就是前景有叙事含义，如下图所示的镜头在旅拍 Vlog 中比较常用。到了一个新地方，拍一拍有特色的路牌，可以无形中告诉观众相关地点的信息，然后展开其他叙事，就会更加顺其自然。

前景的路牌引出地点环境

小川建议：同一个主体，一个镜头拍了广角，下一个镜头强迫自己换一个景别，变化景别可以大幅提升后期素材的可用性。

要拍好 Vlog，画质和音质清晰、准确是最基本的要求，下面分别介绍。

3.2.4 画质

手机拍摄视频的最大好处就是不会失焦，现在手机的智能算法已经优化得非常好了，对于对焦点的选择至少从面部识别来讲，不输给任何一台单反相机。

另外，用手机拍摄，一定要保证稳定，后期剪辑软件虽然可以处理轻微的晃动，但是会有一定程度的裁切并产生果冻效应，因此前期保持稳定的拍摄还是很有必要的。

手机在暗部环境的噪点不可控，因此在夜晚光线不好的时候，需要补光拍摄。

后期导出的时候，尽量选择较好的质量导出选项，视频编码格式选择 H.264 即可，因为这个格式兼容性最好，H.265 很多后期剪辑软件并不支持。下面介绍几个提升手机拍摄画质的技巧。

1. 将摄像头擦干净

手机拍摄带来的最大便利就是从口袋里拿出来就可以拍摄，但这往往也隐藏了一个经常被我们忽视的问题——摄像头的污垢。现在的手机摄像头基本都被设计成凸起状，即使给手机套上壳子，摄像头的平面也基本与手机壳持平，很容易染上指纹和汗渍，这对于手机的成像有很大影响。

上图是干净摄像头拍摄的图像；下图是沾染指纹的摄像头拍摄的图像

从对比图可以看出，摄像头沾染的指纹对成像的影响还是很大的。所以，拍摄前习惯性地擦干净手机摄像头应该是每一位 Vlog 创作者的肌肉记忆。

2. 稳定手机

现在手机的电子防抖能力已经很强大，小范围的移动运镜对于手持抖动的消除几乎可以和手机稳定器媲美。但是对于 Vlog 创作者来说，经常需要在拍风景的时候兼顾自拍，此时一款实用的手机稳定器就非常必要了，自拍和稳定能同时兼顾，而额外稳定性又会为手机算法减负。

无论是拍风景还是自拍，稳定器都能保证画面稳定

3. 锁定曝光和对焦点

手机的曝光一般来说不需要设置，但在特殊情况下，为了避免拍摄的视频出现忽明忽暗的现象，需要锁定曝光点。具体的操作方法是，在准备拍视频之前，长按需要准确曝光的位置，这样手机就会自动锁定该位置的曝光和焦点，不会受到光线变化和运动物体的干扰。这个方法在拍摄固定镜头时尤为适用，解除锁定只需要轻轻按一下其他位置即可。

4. 设置合理的帧速率

在前文已经阐述了帧速率的概念，要从素材的用途和手机的存储压力进行平衡来合理设置帧速率。目前绝大多数手机可以选择的帧速率就是 30fps 或者 60fps，如果你的手机存储空间够大，建议设置为 60fps，为后期视频剪辑带来可以慢放 50% 的选择，多一个选择就多了一种视频效果。

5. 不使用手机外置镜头和第三方 App

很多人会购买一些手机的外置镜头，并使用拍摄 App 来增强手机的拍摄能力，鱼眼镜头、长焦镜头、广角镜头，确实可以提升那么一点儿画质，但是，在 Vlog 创作的过程中，很多瞬间都是稍纵即逝的，也许等你装好外置镜头，想拍的画面已经拍不到了，而且，很多外置镜头价格不菲，便宜的又会影响画质，所以，有这个资金，不如积攒起来买一部微单相机。

手机外置镜头

另外，很多人会安装一些用于手机拍摄的App来尝试调整拍摄的各种参数，例如FiLMiC pro、Protake等，这些专业的软件可以扩展出类似微单相机上的功能，例如直方图、波形图、色彩控制、Vlog拍摄模式等，这些在特定的拍摄场合可能的确适用，但就Vlog创作来说，这些强大的功能和复杂的设置可能会让你手忙脚乱。

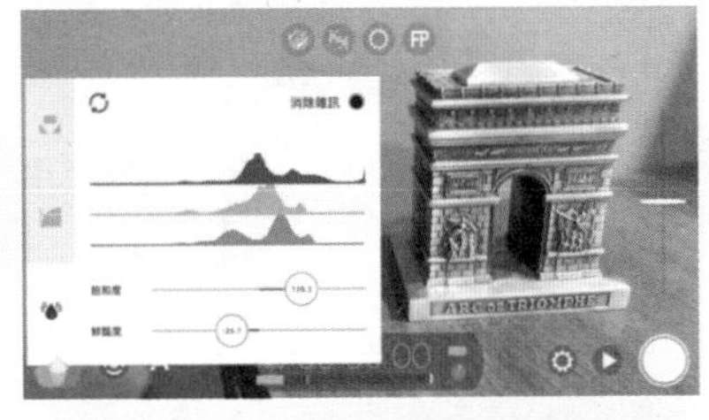

FiLMiC pro App的界面

6. 正确用光

光线对画质的影响非常大，手机的影像传感器尺寸都比较小，而且暗光环境下的噪点非常影响画质，因此，学会合理利用光线可以弥补手机的这个先天不足，以提升画质。

首先，当我们拍摄人物或者自拍时，尽量在自然光充足的地方进行，例如在室内，窗前就是一个理想的地方，几乎可以媲美专业摄影灯，我现在录制口播视频基本都是在白天的窗前拍摄的，能够解决补光问题。如果是阴天，觉得光线还是有些昏暗，加一个小型补光灯就可以了。

面对窗户的效果

尽可能让光线柔和地洒在被摄物体上

如果我们找不到这样的自然补光条件，可以选择小型补光灯，市场上可以买到的小型便携补光灯种类非常多，尽量选择大品牌的产品，这样能够保证亮度和色彩的还原性能。

另外，现在的手机都有HDR（Hige-Dynamic Range）模式，也就是高动态范围模式，在大光比场景中，手机会利用强大的算法把暗部细节表现出来，同时压低高光，让整个画面曝光平衡，这在拍摄一些空镜时特别有用。但HDR也不是万能的，特别是拍人物的时候，一定要注意人物的面部细节是否被HDR算法处理得模糊或重影了。

7. 善用特殊镜头

延时摄影、微距摄影等拍摄手法能为视频增色不少。

延时摄影拍摄的素材在 Vlog 中可以用来表示时间流逝，例如在一个 Vlog 中，你在等待某个人的出现，那你就可以把手机调成延时拍摄模式，拍一段车流或者自己在某一个区域等待的延时视频，并穿插在视频中，视频表现力和冲击力都非常强。

一段日落延时效果会渲染Vlog的情绪

延时摄影也可以拍出很漂亮的空镜作为 Vlog 的开篇，配上文字后还会是一段高级感的片头。

3.2.5 音质

音质在 Vlog 质感中占有举足轻重的地位，如果一段优质 Vlog 在声音上没处理好，给观众带来的感受会断崖式下降，谁能去忍受噪声和使用劣质收音设备拍摄的视频呢?

用好收音设备能够提升视频的整体质感

现在支持手机的麦克风有非常多的选择，可以选择有线、无线麦克风或者指向型麦克风，价格不同，使用方式和音质也不同。

如果是在户外场景，手机拍摄收人声的同时又兼顾收环境音，建议使用指向型麦克风，这样人声和环境音都可以很方便地被录制。但是指向型麦克风也有缺点，就是不太好固定，一般要借助手机兔笼或者手机支架才能完成。

手机指向型麦克风

如果不喜欢指向型麦克风，手机无线麦克风是一个不错的选择，请参阅 3.1.5 收音设备。

如果是手机自带的有线耳机麦克风，在收音的时候，有一个小妙招能够提升收音效果，那就是用一张薄湿巾把有线麦克风的收音结构（一个小孔）包裹一下，这样就能够解决破音问题，并且能够提升收音的音质。

户外收音用外置麦克风时，记住要加防风毛衣（兔毛），这样可以有效减弱风噪。

并不是说前期收音后，剪辑视频就可以直接用了，后期还需要对声音进行一定的处理，在 Final Cut Pro X 软件中，我们可以调用 Channel EQ 来对声音进行处理。

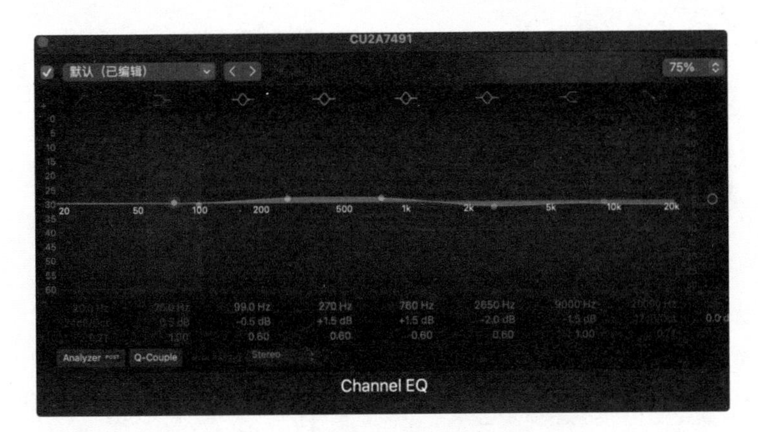

Channel EQ

如上图所示，上面一排就是声音频率。40~100Hz，分布着人音中浑浊不清的声音；125Hz 呈现温暖的感觉；250Hz 呈现力度感；500Hz 让声音更饱满；800~1000Hz 是人声危险区，要慎重调整；2000Hz 让声音更加通透明亮；4000~6000Hz 让声音更有穿透感；6000~8000Hz 是唇齿音的重灾区。依据自己的声音进行调整，会让你得到意想不到的效果。

另外，在剪辑软件里，不要直接增大或减小音量，这是错误的做法，在 Final Cut Pro X 中，我们可以调用限制器，对声音的音量进行控制，这样做的好处就是不会将人声过度调整。

具体的步骤是把限制器拖到想要调整的音频上，然后在窗口中调整参数，一般为 1 或 2。调整时注意观察人声的音频指示器不要超过 0。

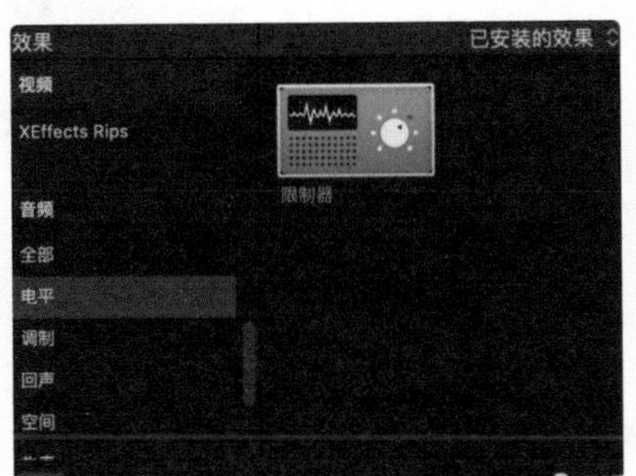

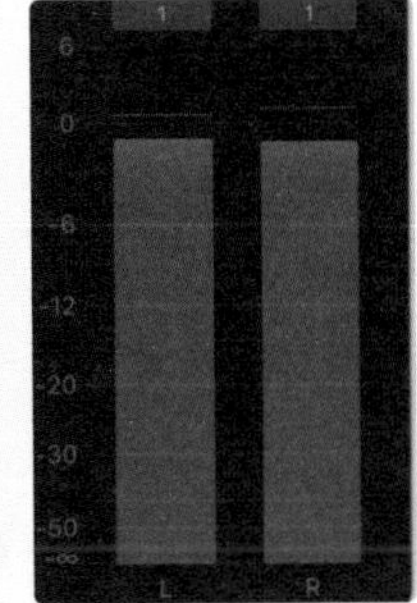

Final Cut Pro X中的限制器和音频指示器

剪映

Vlog剪辑软件

Final Cut Pro X

剪辑思维

拉片

模仿

第4章 剪辑手法

——Vlog素材怎么剪辑又快又好

剪辑技术

转场

变速

快切

视频色彩与调色

出片

剪辑流程

顺片

精剪

上一章，介绍了拍摄完美画面的一些基本概念和操作技巧，本章是不是就该介绍具体拍摄了呢？其实不然，我的建议是，在学习拍摄之前，脑海中要先有剪辑的概念，才会在拍摄的过程中，逐步建立拍摄的思维，所以，先学剪辑再学拍摄，用剪辑思维去指导拍摄，才是事半功倍的方法。

4.1 Vlog 剪辑软件

4.1.1 剪映

最初接触剪映其实是从手机端的剪映 App 开始的，如今，计算机端的剪映专业版也日趋成熟，很多功能延续了手机剪映的功能，例如特效、转场、素材库还有添加字幕等。而且，剪映专业版支持 Windows 系统和 Mac OS 系统，兼容性好。

剪映专业版是PC端最简单易用的剪辑软件

无论如何，我还是希望你在计算机或者平板电脑上剪辑 Vlog，这样方便查看效果，也方便保存素材和草稿。手机虽然也能剪辑，但是如果素材量大，需要添加的文字多、特效复杂，特别是多条素材同时在轨道上重叠剪辑，就会显得很烦琐，不如计算机直观。既然这款国产剪辑软件有了计算机版，而且越来越好，那我们就把它用好吧。

4.1.2 剪映专业版的特色功能

剪映计算机版在剪映的官方网站称为“剪映专业版”，说明剪映团队立志要把剪辑打造成专业剪辑软件。事实证明它也是在不断进步的，例如近期更新了示波器、曲线等只有 Final Cut Pro 和 Premiere Pro 这种专业剪辑软件才具备的功能。而且，剪映专业版是所有专业剪辑软件中最容易上手、实用功能最多的，特别是对于 Vlog 创作者来说，有些功能甚至比 Final Cut Pro 和 Premiere Pro 还实用，下面的内容我会着重介绍剪映专业版在 Vlog 剪辑中常用的一些相对实用的功能。

1. 美颜瘦脸

剪映专业版可以为素材中的人物进行瘦脸、磨皮处理，效果还不错。

剪映的美颜功能

2. 视频防抖

拍视频难免遇到抖动的情况，如果想处理抖动的视频，可以选中需要处理的视频，再选中“视频防抖”复选框，并调整相应的参数。

剪映的视频防抖功能

“防抖等级”下拉列表中有三个选项：推荐、裁切最少、最稳定。这三个选项的处理效果不同，经过我实际调整后发现，“最稳定”选项对于视频的裁切力度最大，要慎重使用；“裁切最少”选项，顾名思义就是对你拍摄的视频裁切得最少，但是防抖效果也是最弱的。

3. 为视频或照片加背景

在 Vlog 视频中经常会用到为视频或者照片添加背景的操作，在剪映中可以非常迅速地做出这样的效果。选中要添加背景的素材，然后单击背景，在弹出的窗口中可以看到各种效果，选择适合的效果即可。

为视频或照片加背景

需要调整画面大小时，选中“位置大小”复选框，并调整至适合的比例。

剪映调整画面大小

4. 丰富的音频库

剪映专业版有强大的音乐库和音效库，单击“音频”按钮，就可以看到所有音乐和音效素材，海量的资源可以让我们在创作的时候得心应手、节省寻找时间。

剪映的强大音乐库

5. 专业的字体素材

其实用过别的视频剪辑软件的人应该都知道，在 Vlog 剪辑过程中，最大的障碍并不是转场效果、调色或拼接等，而是加字幕、找素材。

剪映中的字体库涵盖了现在流行的各种风格的字体，还首创了“综艺花字”的全新风格，一上线就成了爆款，被同类软件甚至是修图软件纷纷效仿。贴纸、特效、转场动画、音频资源也同样是剪映专业版的亮点，强大的资源库让创作者省去了大把找素材的时间。

在制作 Vlog 的过程中，无须太多复杂的操作，也无须多酷炫的渲染效果，其实我们需要的是对于这些素材的思考和理解，将这些素材用更富有意义的方式进行剪辑，组合成全新的对生活的记录和对当下的思考和回味。作为视频剪辑软件，剪映专业版的功能更贴心，让我得到了很多 Vlog 剪辑风格的参考和借鉴，能够轻松愉快地开始感受视频创作。

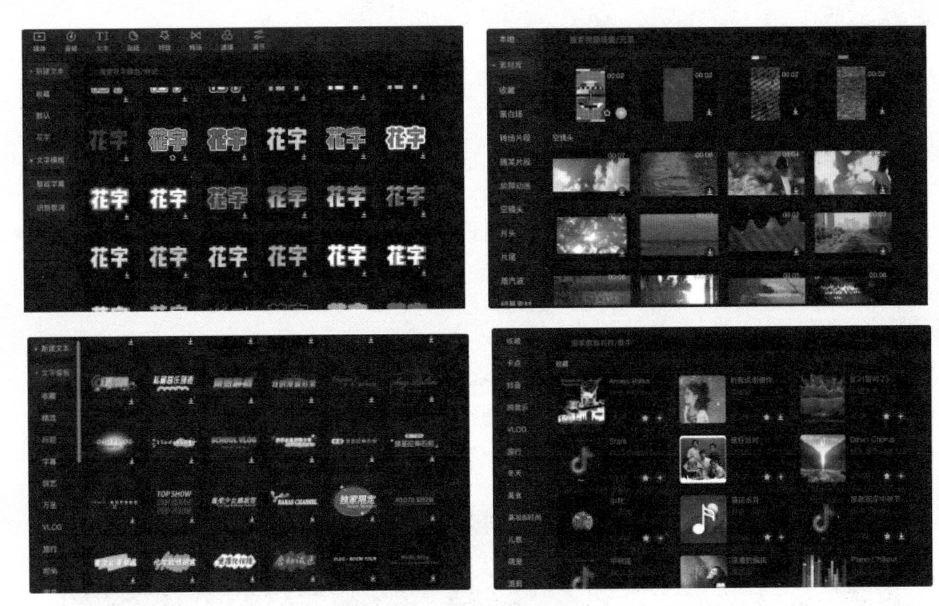

剪映的字体和贴纸库素材丰富

4.1.3 Final Cut Pro X

Final Cut Pro X 是计算机端界面友好且容易上手的专业视频剪辑软件，但是仅支持 Mac OS 操作系统。尽管你可能认为配置一台新的计算机和一个剪辑软件是一笔不小的开支，但苹果计算机在处理数字音视频方面确实有非常大的优势，而且现在的 M1 系列芯片对视频解码的辅助运算能力非常强大。

Final Cut Pro X操作界面

Final Cut Pro X 的设计延续了苹果软件的一贯风格，界面简洁、清新，对刚刚接触的人来说，不会被看上去复杂的界面所吓倒。但是有的部分过于简洁，导致功能上不够精细，尤其是调色方面，需要用不同的插件或软件来弥补。

Final Cut Pro X 运行稳定，而且能够自动保存，这一点也和剪映专业版一样，工作过程中无须担心死机或者软件崩溃没有保存文件的问题。

4.1.4 提升 Final Cut Pro X 剪辑效率的小技巧

下面介绍 Final Cut Pro X 在剪辑 Vlog 时，有哪些小技巧可以提高工作效率。

1. 快速预览

当我们把素材导入软件后，需要对每个素材进行回看，这里可以用快捷键来实现。J 键是倒退播放；K 键是暂停；L 键是播放。按多次 L 键可以实现多倍速播放，这可以大幅节省回看素材的时间，同理按多次 J 键可以实现倍速倒退播放。

2. 快速选择

当需要素材中的某一个片段时，会用到 I 和 O 键，按 I 键可以标记你想选中的视频起始点，按 O 键标记结束点。选择完成后素材就会出现一个黄色矩形，代表选中的范围，此时按 E 键就可以直接添加进主轨道，非常方便。

快速选择素材片段

3. 调整剪辑点

在剪辑 Vlog 时，经常会遇到需要精调剪辑点位置的操作，可以在按 T 键的同时调整两段素材的起止点。

调整剪辑点

4. 提取主轨道素材

如果想提取主轨道素材，同时又不影响主时间线的长度，可以按组合键 Command+Option+ ↑，这样软件就会自动建立一个占位符。

提取主轨道素材

当然 Final Cut Pro X 还有很多非常实用的功能，如果大家想学习这个软件的使用方法，可以去网络搜索相关教程，使用 Premiere Pro 的人也可以采用同样的思路。剪辑软件只是工具，学习工具有学习工具专门的教程，希望大家不必过于纠结使用什么剪辑软件，掌握剪辑思维后，无论你使用什么剪辑软件，都可以剪出称心如意的 Vlog。

4.2 Vlog 的剪辑思维

剪辑是一个熟能生巧的过程，而且从“熟”到“巧”，没有捷径。“熟”什么？先要熟悉剪辑软件的各种功能，熟悉剪辑的基本流程，等这些都熟悉后，再学习能让视频锦上添花的技巧，以及形成属于自己的剪辑风格。在这个过程中，需要自己不断认真地学习和操作。

剪辑是一个熟能生巧的过程

剪辑在整个创作环节是离成片最近的一步，很多人一开始很喜欢在剪辑技巧上下功夫，添加各种炫酷的转场，各种华而不实的特效，其实在 Vlog 剪辑中，技巧性的方法不如思维性的方法有指导意义。

我们在拍摄的过程中，无一例外会遇到分镜头拍摄，就是用不同的景别来表现一个事件，让事件展示得更加饱满。就以拍摄一个人打开计算机开始剪辑这件事来说，可以用几个分镜来表现，如果你拥有剪辑思维，你就知道在剪辑的时候，什么样的景别组合在一起不会生硬、不会犯错，这样在拍摄的时候就会节省时间，有针对性地拍摄相关镜头，而不是没有头绪乱拍一通，等到剪辑的时候苦不堪言。

所以，提升剪辑思维是能够让 Vlog 的拍摄进行得又快又好的不二法门。

4.2.1 什么是剪辑思维

先来看一个熟悉的场景。上小学的时候，我们在学名词、动词、形容词这些概念的时候，都是先学经典文章，通过对文章的学习和理解，来逐步感受文章中各种词汇的含义和用法。

在对词汇有了基本的了解之后，老师才会慢慢告诉我们名词是什么，动词是什么。好的语文老师会不停地循环往复地通过文章中词汇的感知学习来加深我们对文章的理解。慢慢地你就会发现在自己的作文里，也能用这些词汇写出一两个像样的句子，尽管一开始还不够通顺、流畅，但依然能够勉强地表达中心思想。通过老师的修改，你又能知道这些词汇在表达某一特定情绪中的具体用法，久而久之，熟能生巧。

作文的词汇相当于镜头的语言

如今，能够把一篇文章写通顺的人并不多，因为他们在小时候，根本就没有感知到名词、动词、形容词的真正含义和具体的用法。

在进入视频制作这一领域后，让我吃惊的是，在剪辑视频这件事上，究其原理，竟然和我们学习语文的过程一模一样。

语文课本中优秀的文章，就如同现在平台中一个个优秀的视频作品；文章的中心思想，就如同我们给视频浓缩的那段标题；文章里的名词、动词、形容词、副词等，就如同视频中体现的镜头语言；文章中段落之间的衔接，就如同视频中的转场。

这么看来，写一篇文章就和创作一个视频的步骤和方法是一样的，只不过表达形式不同罢了。

所以，回过头来，我们再看一看我们小学的时候是如何写文章的。没错，就是先学习那些经典文章。

写作和剪辑异曲同工

那时候我们可不会问，这个作者是用什么笔写的？这个作者是用什么纸写的。反倒是现在，我们看到一部优秀的作品时，却首先会问：这个摄影师用的是什么设备，他剪辑用的是什么剪辑软件，这个地方转场插件特效在哪里下载，诸如此类问题。

所以，我们要用小学学习语文的方法和思路去思考，应该如何表达思想，如何讲故事，如何让视频更有逻辑性和趣味，这才是剪辑思维的关键所在。

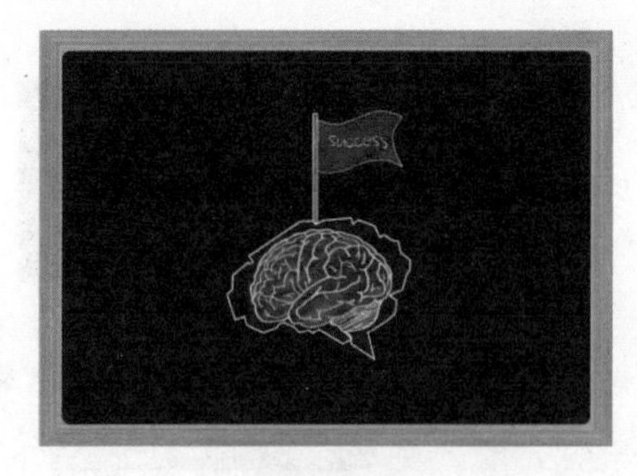

思路决定出路

4.2.2 通过拉片提升剪辑思维

拉片的意思就是分析别人的视频作品。刚才举了我们小学学习语文的例子，语文老师带着我们学习课本里的每一篇文章，分析文章的构成、优美的句子和词汇，段落之间如何衔接，甚至很多经典文章还需要我们背下来。这种学习文章的过程，其实和拉片做的是同一件事。

那我们就一起看看，如何正确地拉片才能汲取一部影片的精华，并逐步提升自己的剪辑思维。

1. 视频构成

在拉片之前，我们需要明白一些基础概念，这有助于在拉片的过程中更好地理解创作者的意图。在前面的章节我们说过，一段视频是由图文和声音构成的。而图文又包括动态视频、静态图片和文字；声音包括人声、音乐和音效。因此，一部视频就是由六大元素的全部或者其中的几项元素构成的。

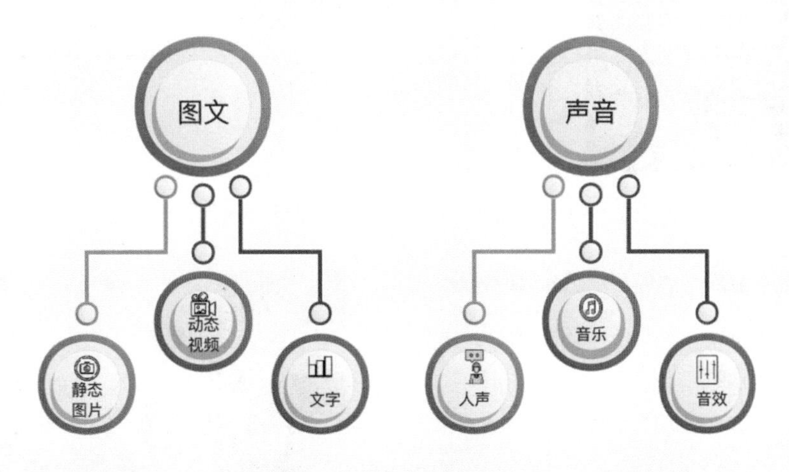

视频构成元素

例如，一个旅拍 Vlog 视频，可以有动态的视频、静态的照片和文字说明、现场同期声和后期配音，个别转场或者需要加音效的地方添加适当的音效，这样的视频就包含了所有六大元素。同时它也可以是只有动态视频和音乐的纯展示作品。总之，结构不同，所展现的形式必然不同，我们在拉片分析一部作品的时候，首先要会分析作品的构成。

2. 镜头语言

镜头语言的范畴非常广，在这里我们只学习能够为拉片服务的几个镜头语言。在分析 Vlog 作品时，只需要掌握镜头语言里的运镜、构图、视角、景别及剪辑即可。

（1）运镜。

拉片过程中，通过分析作品的运镜方式，去理解作者在此段内容中，为什么要这样运镜。要能看懂运镜，首先要理解一些镜头语言。在本书第 3 章的内容中，着重讲解了运镜的概念和含义。了解了运镜的基本概念后，我们就可以在拉片的过程中，把运镜方式和为什么这样运镜分别写出来，理解创作者的意图。

（2）构图。

通过拉片分析创作者的构图，和分析运镜的思路相同。你一定听过三分法构图、水平线构图、九宫格构图等，这些构图的方法及理念，是从摄影的方式中延伸到视频拍摄中来的，但在拉片分析中，无论什么构图方法，只需要看创作者的两个意图就足够了。

	后拉	2.5		相似转场，来到了韩国整形医院，这里的过渡就是蒙太奇转场	由一组自拍照快闪过渡到ipad上的整容照片
	后拉+环绕	2.5		长镜头后拉环绕，从整容照片后拉出整容医院的医生办公室场景	

	下摇	1		从樱花树上空向下摇镜头	此处下摇镜头跟后面宫殿上摇镜头前后呼应
	下摇	2	切		

如何运镜及为什么这样运镜

※　构图是否清晰地展现了你想表达的主体？

※　如果能够表达主体，这个构图看起来是否有干扰因素？

每次分析作品时，看到每一帧画面，脑海里就逐次浮现这两个问题，延伸到模仿就能够建立相应的构图思维。例如，我们在旅途中，来到一家咖啡店，咖啡店装修得很有特色，做咖啡的小哥儿也很帅，你拿起相机准备记录。此时浮现在你的脑海里的第一个问题是，我当前拍摄的画面主体是什么？如果是这个小哥儿，那就把他拍清楚，并将其放在画面的中央即可；第二个问题，构图是否舒适？这就需要看看他的左右或者背后有没有其他特别抢眼的干扰因素，如果你拍小哥儿的时候，他后面还有一位美女，除非你是有意为之，想表达他们为同事关系，否则这就是让主体不明晰的干扰因素。

没有干扰因素的镜头

含有干扰因素的镜头

所以，构图不是生搬硬套那些规则。在学习构图的初期，只需要注意上面说的两点即可，等自己拍摄并且拉片分析一段时间之后，我们就可以从别人的构图中学到一些关于审美方面的技巧，即可逐步提升自己的构图水平。

在拉片分析的过程中会发现，很多优秀作品的构图非常干净，其实无非满足了刚才说的两点——主体清晰、无干扰因素。如果在有的作品中你发现了作者不知道要表达什么内容，而且背景杂乱，那多半都是无效构图，自己拍摄的时候要尽量避免。

（3）视角。

视角是一个很容易被忽略的镜头语言。很多 Vlog 的创作者在表达一个事物时，喜欢采用不同的视角。这个也很好理解，我们每天看到的视角，绝大多数都是和自己视线相同的场景，也就是平视居多，这样的视角最符合人们的观看习惯，但没有新鲜感。在拉片分析时，多注意创作者采用的不同拍摄角度，往往能够为我们的拍摄带来非常好的效果。

视角不同，感受不同

Vlog 中常用的视角有低角度拍摄、高角度拍摄和窥探角度拍摄等。低角度拍摄需要放低姿态，借助相机的翻转屏更好地观察构图；高角度拍摄可以利用无人机，也可以利用支架实现；窥探视角可以借助窗户、前景等物体来营造。总之，想方设法地创造不同的视角，会让我们的 Vlog 别具一格。

所以，在我们拉片分析的过程中，要观察创作者不同视角的镜头给我们带来了怎样的感受，同时还要分析创作者是如何拍摄出这样的视角的。

（4）景别。

景别是摄影师用来讲故事的“语法”，所以掌握景别是拍好视频的基本功，所以在分析优秀 Vlog 作品前，先要掌握景别的基础知识。

远景用来展示大环境和规模，表现磅礴的气势，一般用在影片的开头。而全景镜头比远景的景别小一些，用来展示人物和环境的关系是一个非常好的选择，既能看到环境，又能看到人物。

中景是一个万能的景别，也是电影中用得最多的景别，因为中景既可以表现人物情绪和肢体动作，也能展示人物与环境的关系。

但如果你想重点强调拍摄对象的面部表情、神态和性格，那就选择近景吧。比起中景，近景更加突出人物的表情和情绪，在对话、采访或者交代人物情绪等场景中用得比较多，但是环境的信息量比中景少。

如果你只想让观众看到人物的面部，不想被环境中复杂的事物影响，那就用特写镜头吧。当一个人伤心欲绝或兴高采烈时，观众往往只想看到他的表情，这时用特写镜头来呈现，观众的注意力就会被集中于人物面部的细微表情变化上。

景别是用来引导观众视点的重要工具，所以我们在拉片的过程中，仔细研究每个镜头的景别，以及为什么这么做非常重要。

构图和景别的区别在于，景别是排除干扰因素，让画面干净，为叙事服务的。构图更多的是审美方面的考虑，但是在拍人物的构图时，也需要避免一些常见的错误。例如，人物的头部放在什么位置合适？眼睛看向哪里？都要遵循一些基本的法则。

先来看看头顶留白。中景和近景的人物头部上方一定要留出相应的空间，通常是屏幕的 1/5。过多或过少的空间不仅会让人物显得别扭，还会影响观众的视觉焦点。特写镜头的头部一般不留空间，甚至为了呈现眼睛和嘴巴的细微变化，不仅不需要留白，还要把额头部分拍出在屏幕之外。

头顶留白

再看看视线留白。从人物的眼睛视线方向出发，到对面画面边缘之间的空白，称为“视线留白”。正常的留白在画面左侧 1/3 处，视线看向右侧，右侧留出空白，这样的画面就是平衡的。如果留白区域与视线方向相反，画面就会失衡，显得非常别扭。

视线留白

最后看看九宫格定律。九宫格我们再熟悉不过了，它能很好地把控住视线留白的取景，例如人物看向右侧，那么我们就把人物放在九宫格的左侧纵向三等分线上，将视线留白放在右侧，这样就能避免画面失衡。

九宫格定律

（5）剪辑。

通过拉片分析作者的剪辑手法，需要分析整部影片的剪辑节奏、故事情绪和剪辑技巧和文案音乐等。

剪辑手法

剪辑节奏。拉片分析一部影片的剪辑节奏，主要从声音节奏和镜头节奏下手。

声音节奏很好理解，镜头随着音乐的节奏运动，在音乐到高潮部分时，镜头快闪或者加速，在音乐平缓回落时，镜头升格或者增加时长。

关于镜头节奏，其实大家最容易忽略的是制造镜头节奏的方法，例如，三组运动镜头之后马上接一个慢速推进镜头，然后配上音效烘托氛围。这样的镜头节奏在 Vlog 中非常实用。

故事情绪。一部优秀的影片告诉你什么故事，这个故事又带给你什么样的感受，也是很值得分析的。好故事永远都会吸引观众的目光，分析故事主要从开始（创作者建立了什么期待）、发展（发展过程中有哪些搞笑或者刺激的内容）、高潮（让你目不转睛、精神高度集中的部分）、结局（看后你得到了什么启示），以上几部分用于分析一个 Vlog 作品已经足够。随着拉片分析影片数量的增加，我们就能够把自己的经历改成故事，放在 Vlog 中增加其故事性了。

剪辑技巧。剪辑技巧就是分析作者在转场设计、效果、调色、包装等一系列的技巧是如何为整部视频的内容服务的。学习剪辑技巧切忌盲目跟风，乱用一气，而应该更多地去思考——创作者在此时为何要用到这样的剪辑技巧，为此刻故事内容的发展提供了什么帮助。

文案音乐。一部影片中如果没有文案，那还可以理解，纯展示型的视频大多采用无文案无解说的形式，Vlog 制作者“布兰登李”的很多旅拍作品就是无文案的，通过镜头组接，用不同的拍摄技巧和剪辑手法来表现内容。但除非你做的是教程类、知识类口播视频，否则视频中是不可能没有音乐的。

选择音乐这件事比较主观，每个人对音乐的理解都不一样，对于自己的视频需要配什么音乐也有不同的想法。对于每部作品，我们一定要留意，创作者选择音乐的风格与视频内容的契合程度，然后需要把音乐的关键词提炼出来。这个过程就是拉片分析中培养乐感最重要的环节。

例如，在欣赏“@Jasmine 茉莉与冰川”的作品时会发现他选择的音乐大都是钢琴曲和大提琴曲，配上创作者拍摄的美丽如画的画面，相得益彰，这里音乐的关键词就是空灵、优美、神秘；在欣赏 @Sam Kolder 的视频时，音乐的关键词就是洒脱、自由、奔放。带着这些关键词，去音乐 App 搜索相关的音乐，并形成自己的分类音乐库，逐渐培养自己的视频画面与音乐契合度的感知力。

小川建议： 剪辑思维和拍摄技巧密不可分、相辅相成，好的创作者在拍摄的时候，脑海已经开始剪辑了。

4.2.3 通过模仿提升剪辑思维

模仿才能认清自己和原片创作者的差距在哪里。每次拉片结束后，一定要去模仿，否则就会出现“脑子会了，手还不会”的现象。

很多拍摄手法在拉片的时候看着简单，实际操作起来并不容易。

模仿分为两大块——拍摄和剪辑。

拍摄，就是去复刻在拉片过程中每一个镜头的构图、运镜、景别。例如，在我对 Vlog 制作者“布兰登李”旅拍视频的拉片分析中，我都会去模仿，在我模仿的过程中发现，很多镜头都需要拍十几次才能达到和原片接近的效果。在模仿“布兰登李”首尔旅拍视频那个环绕运镜时，模仿十几次后，还是没有原片那种稳定顺滑的感觉，通过这次模仿，我知道了需要提高的点在哪里。

模仿拍摄

通过模仿知道自己的不足并不断去弥补，是学习拍摄最有效的方法。模仿拍摄之后，就要去模仿剪辑。这就到了本章最重要的部分。

下面的内容，我将从流程、技巧以及调色等方面，逐一给大家介绍剪辑的相关内容。

4.3 Vlog 剪辑流程

要想把一件事情做好，流程的顺畅是必不可少的，多人协作更是需要不断优化流程。对于 Vlog 视频剪辑来说，一般都是单兵作战，一个人面对计算机剪辑，也要先学会剪辑流程，这样在实际操作时，效率就会高很多。

每个人的剪辑流程虽说都有所差异，但是主要的流程步骤还是基本相似的，可以归纳为“整理素材→回看素材→顺片→选音乐→粗剪→精剪→出片”。

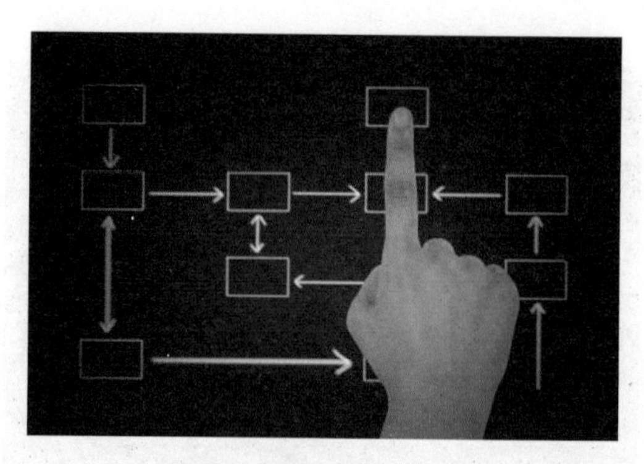

流程保证效率

4.3.1 整理素材

我在本书第1章中说过，作为一个新手创作者，在不明白“多拍素材”这几个字的真正含义之前，要尽可能地少拍素材，也许很多人还是会有疑惑，万一素材不够用怎么办？

素材不够，前期多拍不是不可以，但确实是最影响效率和占用存储空间的做法，所以不值得推荐。因为，一旦你前期漫无目的地多拍，结果就是，到整理素材的时候，你会非常痛苦，而且这种习惯会导致你的硬盘很快就被填满了。

所以，在前期养成良好的拍摄习惯，在后期剪辑的时候，你就会轻松得多。对于 Vlog 视频，我给大家几种整理素材的建议。

如果你的 Vlog 需要按照时间线来最终呈现作品，那就按照时间的顺序先建立文件夹，再归类素材。

如果你的 Vlog 是以地点＋时间的方式呈现的，那么，就以时间＋地点的方式来命名文件夹并归类素材。

如果你的 Vlog 是以故事主题来呈现的，那就以剧本或脚本的规划来命名文件夹并归类素材。

整理是一种习惯

也可以用关键字来分类整理素材，例如自拍、家人、花草、海洋、树木、探店等，这样做的好处就是当你剪辑时需要添加相关的内容时，可以快速找到相应的素材，省时省力。

这些都是最基本的整理素材的方法，虽然每个人的习惯不同，但剪辑之前都要归纳、整理好素材，这是优秀的剪辑师或者创作者必须具备的技能。

4.3.2 回看素材

说到回看素材，很多人有一个很不好的习惯，那就是快进式回看。之所以有这种现象是因为人们对于自己的记忆往往过于自信，这就会导致在回看自己拍摄的素材时，会快进甚至删掉原本非常精彩的素材，所以对于回看素材这件事，我们应该给予足够的耐心和重视。

无论是自己拍的素材还是别人拍的素材，在回看的时候，一定要逐条浏览，因为有些转瞬即逝的镜头和画面就和人的记忆一样不靠谱，你以为拍到的瞬间其实没有拍到，你以为没拍到的镜头往往就藏在你的素材库中。另外，有些素材不一定只能用于当次拍摄的视频中，说不定一段晃动失焦的素材，在日后的 Vlog 视频中，还能作为转场素材来使用。

认真回看素材的过程，也是在脑海里建立剪辑结构和确定风格的过程，可以为后面的流程做好准备。

4.3.3 顺片

顺片的工作，是剪辑工作的正式开始，即将整理好的素材，按照预先设定的剧本、脚本或者思路，向剪辑轨道上添加，整个框架搭建完成后，基本就能看见一个 Vlog 视频的雏形了。

对于 Vlog 剪辑的顺片来说，有可能会有 Aroll 和 Broll 的素材，这里说一下两个名词的概念。Aroll 就是通过一个人或多个人的讲述，串起整个 Vlog 的主线，告诉观众你目前的状况，你现在在做什么，你接下来又准备做什么，从而展现这个 Vlog 的故事情节和你独特的性格；Broll 是补充和辅助，通过周围环境、补充细节的画面来叙述和展开故事情节，并将其穿插在视频中间，起承上启下的作用，通过这些素材让我们看到每一段故事，每一个场景。

一般来讲，顺片的时候应该是先在主轨道上铺满 Aroll，因为这是剪辑成片的主干。然后可以把 Aroll 多余的部分全部剔除，再向主轨道里增加 Broll。此时 Broll 的位置不一定要特别精确，只要先放到大概的位置就好。

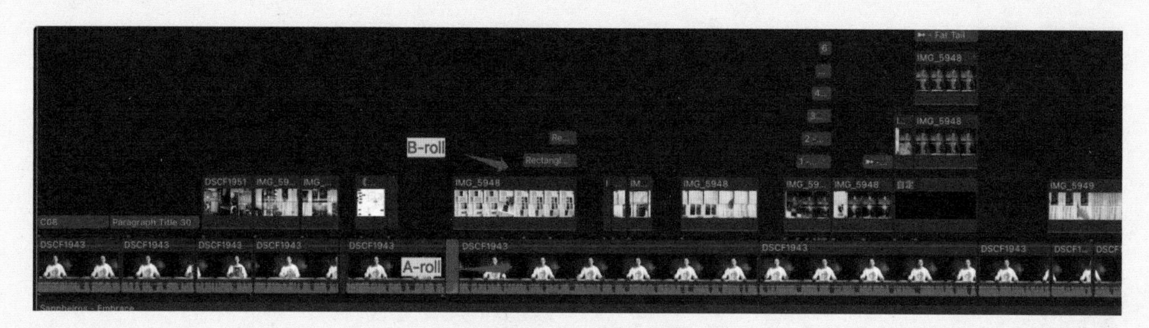

主轨道的Aroll与其上面的Broll

如果不是 Aroll 和 Broll 类型的 Vlog，也要按照自己起初确定的拍摄主题，按照逻辑顺序进行素材组合，这么做的最终目的就是制作一个“最长的”“最粗糙”的成片。

4.3.4　选音乐

音乐是一部影片的灵魂，选对音乐可以为你的作品增加合适的感觉、情绪和味道。

在剪辑的流程中，我建议大家把音乐的选择工作前置，也就是说，当你顺完素材，视频已经有了大框架之后，就可以选择音乐了。

提前选好音乐有助于减少后期的修改，特别是在顺片之后，如果就能确定音乐，在接下来的粗剪环节中，就能够很快地依据音乐的风格和节奏进行剪辑。如果在粗剪之后确定音乐，也不是不可以，但如果要更换音乐，你肯定又会根据音乐重新粗剪一次，非常浪费时间且影响心情。

这里给大家介绍一个选择音乐的技巧，就是判断视频的关键词，然后根据关键词去音乐 App 搜索。例如，一段素材是表现雪山和蓝天的，看起来神圣、空旷，那么我们就可以定义视频的关键词为风景、干净、磅礴，再用这样的关键词去音乐 App 搜索，很容易就能搜到合适的背景音乐。

根据画面判断关键词

用关键词去音乐App搜索

如果是商业拍摄，可以去 pizzabgm 网站搜索商用音乐，质量很高，是以关键词来对音乐进行分类的，非常方便快捷。

pizzabgm网站界面

小川建议： 选择音乐要注意版权，选用无版权的音乐或者购买使用版权。

4.3.5 粗剪

粗剪是一个 Vlog 比较完整的呈现过程，主要就是为了搭建框架，不用进行非常细致的调整，重在结构、逻辑和衔接。

下面介绍几种粗剪的小技巧。

技巧 1：尽量将最好的镜头往前放，信息镜头宁多勿少，粗剪期间对声音和图片进行最小化处理。

技巧 2：每次对视频进行大调整都要保留上一个版本，这是“血的教训”，需要注意。

技巧 3：粗剪一般比成片要长 10%~15%。后续精剪时，视频的长度会由自身的叙事方式和风格来决定。

技巧 4：如果粗剪很长，可以在不破坏故事情节的情况下切割；如果粗剪很短，可以选择合适的位置扩展，以充分讲述故事。

技巧5：如果提前选好音乐，一定按照音乐的节奏来进行视频结构的架设。

小川建议： 不要花太多时间修正自己的剪辑点，会失去粗剪的意义。

4.3.6 精剪

粗剪完成后，我们就有了一个完整的视频框架，此时我们需要反复浏览粗剪出来的影片，找出问题并解决它们，这个过程就是“精剪”。

在精剪中，我们需要考虑相对细致的问题。粗剪是为了建立视频整体的架构；精剪则是反复修缮、形成风格的过程。精剪的具体步骤如下。

再一次对视频进行“瘦身减肥”，通过反复观看粗剪后的视频，根据主题思想和剪辑技巧，删除偏离主题、与叙事无关的镜头，删除重复且过度堆砌的镜头，避免流水账式的组合，例如一个镜头能说明的内容就不用两个镜头。相同信息的镜头叠加并不能对叙事有所强调，当然如果你是为了凑时长或者镜头不足以支撑影片内容，最好把相同信息的镜头拆开使用。例如，开头使用了一组镜头，那么结尾的时候可以使用另一组，可以起到首尾呼应和强调的作用，如果想强调一些内容的重要性，可以用分屏的方式插入多个画面。

“减肥瘦身”的过程很费脑力

音乐与音效的精调。粗剪只是简单地选音乐，那么在精剪的时候，就要根据音乐对素材进行精确的调整，例如，需要卡点的位置，需要音量增加或者减少的位置，根据音乐的情绪调整素材的位置，在相应的位置增加合适的音效。

拿捏音乐的尺度

剪辑点的选择。剪辑点选择不好最直观的感觉就是视频看起来很跳，所以，选择剪辑点是精剪最重要的一项工作，需要反复打磨。Vlog不像电视广告或者宣传片那样专业，但是最基本的技巧还是需要掌握的。

一个镜头准确的长度，主要根据这个画面的内容来决定，另外，其前后素材的逻辑关系，也能起到决定性作用。

下面分享一个决定镜头长度的诀窍。在审视一个镜头时，自己默默在心里说出你想要观众看到的内容，例如，拍一间房的全景镜头，从画面的第一帧开始，看到了窗外的景色以及旁边的餐桌、橱柜、灯、沙发，说完这些，基本就是这个镜头的时长，用这个方法确定剪切点非常准确快捷。

一个镜头的时长就是观众看懂并最大限度理解这个镜头画面内容的时长

前后连贯，做到流畅剪辑。有人在不同的人群中做过一个对比性试验，将两段内容混乱、毫无逻辑关系的长度同为5分钟的视频放给大家看，让他们确定放映的实际时间长度。试验的结果惊人的一致，几乎所有的观看者都指出，其中的一个片段比另一个片段要短得多，这是为什么呢？

流畅的剪辑是让观众看下去的动力

因为那个看上去短一些的片段，在剪辑时遵循了剪辑的规则，如“动接动”，而看上去长一些的影片则完全是随意剪辑的，因此前者给人的视觉感受是流畅、连贯的，观众的心理时间就会短一些；后者则是跳跃、杂乱的，观众的心理时间就会变长。只有做到流畅剪辑，观众才有看下去的欲望。

所谓流畅的剪辑或者剪辑的连贯性，就是指通过剪辑在前后镜头之间建立起自然过渡关系。也就是巴拉兹所说的“具体的方法是在每一个镜头中安排一个足以承上启下的东西——一种活动、一个手势、一种形态等”。

流畅的剪辑要求恰到好处的停止和开始，其主要依据就是观众的兴趣度。 它有两层含义，其一，他们还感兴趣吗？——对上一个镜头的内容能维持多长时间？ 其二，他还会对什么感兴趣——对下一个镜头内容有无期待？宽容度有多大？

只要把握住以上几个原则，你对于 Vlog 流畅连贯性的把控就可以做得很好了。

字幕与字体。字幕一定要加，没有字幕的视频可以瞬间让观众的听力“折损”，观众不可能随时随地都可以放大音量去听你在说什么，像顾俊老师的视频没有字幕，大家也喜欢看，那是因为顾俊老师的专业度以及他制作的视频内容足够精彩，这只是 1% 的情况，剩下 99% 的情况是，只要有人说话，基本都会加字幕。

字幕的设计要简约明了，不要花里花哨。文字的填色与描边、阴影，还有底色，都要符合互补色搭配原则，且颜色的搭配要合理。例如你的字幕是白色的，那底色可以是灰色的，描边可以是黑色的。

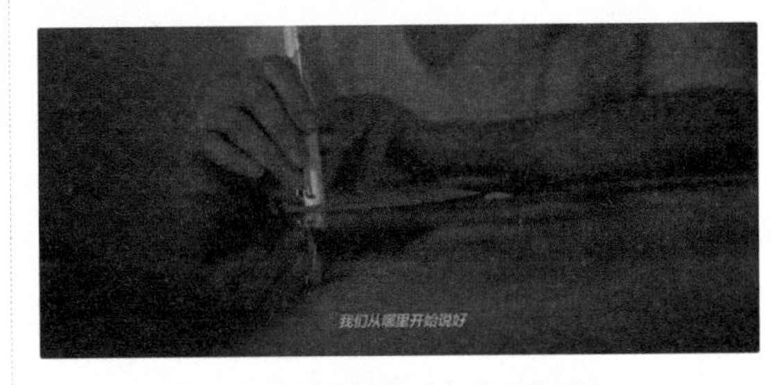

“@克里斯旅行狂魔”的字幕设计

标题的字幕有很多风格，大家可以根据自己视频的风格来制作，有的文字标题还可以制作成手写风格，非常漂亮。

“@俊晖JAN”的Vlog文字标题设计

“@克里斯旅行狂魔”的标题设计

现在剪映对于字幕功能的支持已经非常强大，不但可以自动识别视频中的人声，还支持文稿匹配字幕功能，而且准确率非常高。

4.3.7 出片

所有的工作全部结束，激动人心的时刻到了，但导出的格式需要根据具体情况进行选择，下面先了解几个概念。

1. 码率

码率就是数据传输时，单位时间内传送数据的位数，一般用单位 Kbps（千位每秒）来表示。通俗来讲就是“取样率”，单位时间内取样率越大，视频精度就越高，处理出来的文件就越接近原始素材。

但是文件体积与取样率是成正比的，所以几乎所有的编码格式重视的都是如何用最低的码率达到最少的失真效果。围绕这个核心衍生出来的 cbr（固定码率）与 vbr（可变码率），都是在这方面做的文章，不过事情总不是绝对的。例如，对于一个音频文件，其码率越高，被压缩的比例越小，音质损失越小，与音源的音质越接近。

在相同分辨率及帧速率的情况下，输出视频的质量是由码率决定的。以剪映为例，有 3 个档次的码率可供选择。

一般情况下，选择剪映推荐的码率，就完全够用了。

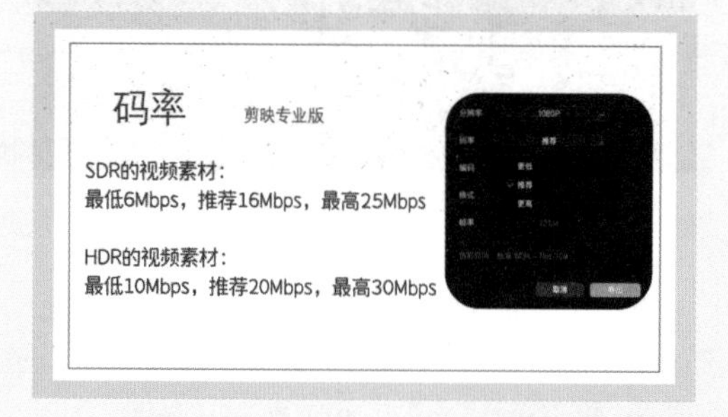

2. 编码

在出片时，输出的对话框中可以选择 H264、HEVC（H265）选项，用于设置文件的编码形式。H264 编码的适用性、兼容性好，但是输出的文件尺寸相对较大，适合手机存储空间大，并且视频在计算机端剪辑的用户；HEVC（H265）编码的文件体积相对较小，适合在手机端编辑的用户。

3. 视频格式

MP4：MP4 格式是基于 QuickTime 格式的 MOV 文件，由行业标准开发。可以存储不同的音频和视频数据、字幕和图形，还允许添加高级内容，如 3D 图形、用户交互性和菜单。

MOV：MOV 文件是由苹果公司为其 QuickTime 电影播放器开发的，兼容 Mac OS 和 Windows 操作系统。对 Mac 用户来说，这是一个非常好且安全的选择，但如果你要将其在 QuickTime 中播放，那么很可能会遇到麻烦，这主要是因为其使用了 MPEG-4 编解码器进行的压缩。

现在主流的视频格式是 MP4，因为它是目前兼容性最好的，无论网络数字电视、计算机还是手机，MP4 格式的视频文件都可以很好地兼容播放。

MP4格式设置界面

在设置的对话框中会出现“帧率”的选项应该如何选择呢？其实，人眼的反应速度已经决定了在观看超过 24fps（帧每秒）的连续播放的静态图片时，就会认为是连续的动态图像。所以一般在计算机上播放时都会选用 24fps 的帧率，在电视上播放时一般选用 25fps 的帧率，现在网络上播放一般使用 30fps 的帧率，我们在导出视频时一般选用 30fps 的帧率即可，当然如果是超高清视频，也可以选择大于 30fps 的帧率，但一般不超过 60fps。

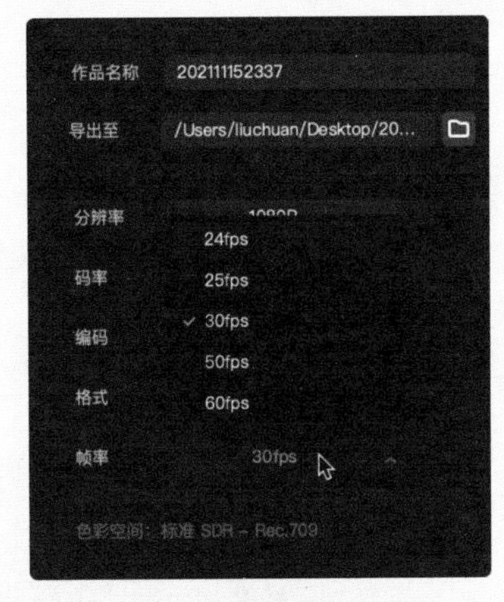

帧率选项

知道了以上概念后，大家可以根据用途和发布平台来确定需要导出的视频格式。

4.4 Vlog 剪辑技术

Vlog 的剪辑技术要根据视频内容来选择使用，下面介绍几种常用的技术，灵活运用能为你的 Vlog 视频锦上添花。但技术服务于内容，切忌让剪辑效果太过显眼，导致喧宾夺主。

4.4.1 转场

在后期剪辑时，场景之间可以尝试做一些转场效果，而转场尽量以前期拍摄的运镜方式为基础，这样的转场比后期强行加入的转场效果更自然。

同样，通过剪辑软件也可以实现的转场效果很多，这里介绍运镜类转场、遮挡类转场、匹配类转场和人物说话转场等。

1. 运镜类转场

运镜类转场就是通过前期运镜加上后期的速度调整实现的转场效果。采用这种转场时，要注意前后两个运镜的方向和速度要一致。例如，你在上一个镜头拍了从左至右的内容，下一个需要和它相连的镜头的运镜方向也要是从左至右的。这里注意两个镜头衔接处的运镜速度要快，也就是说，上一个镜头从左至右的结尾要快速甩出，下一个镜头从左至右的开始要快速甩进来，这样后期剪辑拼接在一起的时候就会更顺滑。

从左至右的两个镜头的运镜方向一致

另外就是按照画面内动作的方向来转场。例如，拍一个人倒茶的动作，从上而下的运镜方向是由倒茶这个动作来引导的，衔接到下一个运镜方向是由上而下的素材即可。

后期衔接两段素材

2. 遮挡类转场

遮挡类转场在 Vlog 视频中已经很常见了，我们将其归为两大类——固定遮挡物和移动遮挡物。

固定遮挡物，就是在运镜的过程中，寻找如树木、墙这样的固定物，镜头向一个方向滑动，后期通过遮罩关键帧来实现遮罩转场。

镜头从左向右划过红柱子，后期制作遮罩转场

移动遮挡物，一辆车或者一个人从镜头前过去，同样可以通过后期遮罩关键帧来实现遮罩转场。

路人从镜头前走过，后期制作遮罩转场

3. 匹配类转场

匹配类转场和遮挡物转场一样，经常被很多旅拍制作大师使用，最常见的就是相似形状转场和相似颜色转场。例如，在“布兰登李”的旅拍作品《安达卢西亚》中，前一个镜头是一盘诱人的火腿，后一个镜头就是吉他的圆盘，两个圆形相似物之间的过渡非常自然。这就要求我们在旅拍过程中带着这种思维去拍摄相应的画面。

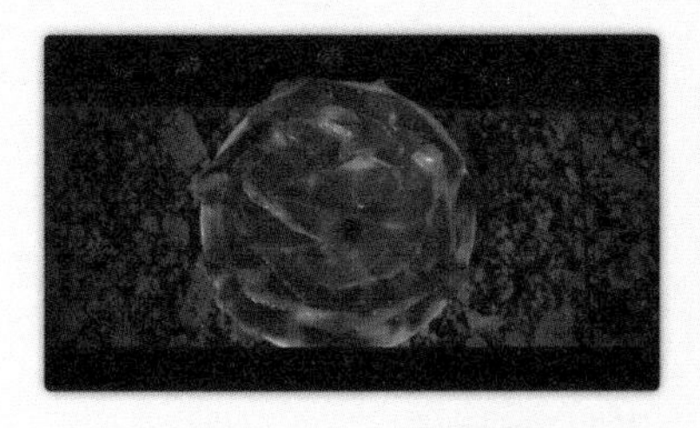

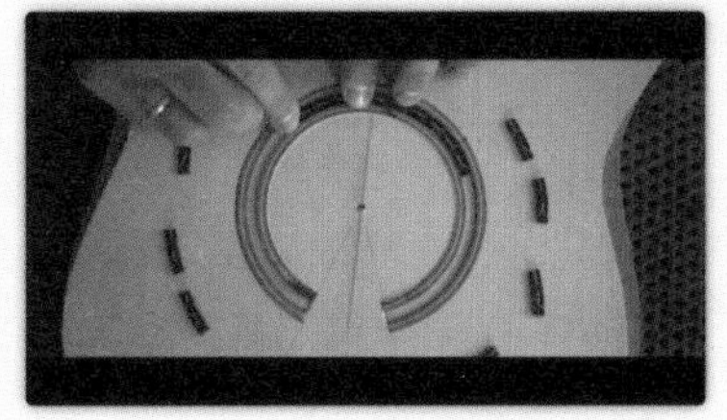

相似物体转场，图片来自@Brandon Li

相似颜色转场，图片来自@Brandon Li

4. 人物说话转场

人物对着镜头说话也可以做转场，从而让相对枯燥的视频丰富起来，下面介绍几种常用的拍摄与剪辑方法。

前后动作匹配。如果人物在一个场景说完话，向后离开镜头，来到另外一个场景。那么接下来的镜头，人物应该是从远处走向镜头，这样才能形成场景之间前后动作的匹配。

旋转动作匹配。如果人物在一个场景说完话，顺时针转身离开，那么画面切到下一个场景，人物应该也是以顺时针的动作转身并继续说话，这样才能形成场景之间旋转动作匹配。

左右动作匹配。如果人物在场景的中央说完话，从自己的右手边走出画面，那么下一个场景，也应该是从右边走入画面的中央。

只有在拍摄的时候多注意动作的连贯性，才能在后期剪辑软件中找准动作连接的剪辑点，得到无缝转场，还有一些比较炫酷的人物出镜的转场技巧，例如“打响指”转场、遮挡转场和遮罩转场也很常用。

现在，“打响指”的转场方式非常流行。在前一个场景打一个响指，在下一个场景也打一个响指，从而实现自然的转场效果。但需要注意的是，景别要尽量相同，这样剪辑在一起才能使影片不突兀。后期只需要将两段素材在打响指的瞬间作为剪切点，剪掉多余的部分后组合在一起即可。

遮挡转场，可以用手捂住镜头，或者用手里一个东西遮挡一下镜头，下一个场景再从镜头拿开，也可以顺利实现转场。后期剪辑时，需要将两段遮挡之后完全黑场的镜头作为剪切点并连接在一起。

遮罩转场，相比前两种转场方式，更依赖后期剪辑。拍摄时，只需用手从镜头面前划过，然后来到下一个场景。但到剪辑软件中，需要用关键帧把手划过的地方抠出来才能完成，制作难度相对较高。

转场用好、用对能够给视频带来很不错的视觉效果，可以为视频锦上添花，但是要宁缺毋滥，不要为了转场而转场，不要为了秀技而转场。

4.4.2 交叉剪辑

交叉剪辑是一种常用的剪辑技巧，指把同一时间、不同空间发生的两条或多条情节线，进行迅速而频繁的交叉剪辑。我们在惊险片、恐怖片和战争片中经常看到描写追逐和惊险的场面，一般都会使用交叉剪辑的方式，使其更有戏剧化效果。电影中经常出现的“最后一分钟营救”，多会采用交叉剪辑的方法。在我们拍 Vlog 时，也可以借鉴这种剪辑方式。

如果你的 Vlog 中有多条故事线，想把几件事表述清楚，又不想增加视频时长，可以尝试用交叉剪辑的方式来实现。

交叉剪辑最有意思的一点是，你可以在任何时候从一条叙事线切到另一条叙事线，让观众“伸长脖子”等待下面将会发生什么事情。交叉剪辑时一定要慎重，不要随意在叙事线之间来回切换，至少应该在引起观众悬念的地方切。

一般来讲，一个非常棒的切出点应该出现在角色看到什么之后的反应镜头处，这有助于把叙事往前推进，并让观众集中注意力。

4.4.3 变速

变速是在 Vlog 视频中很常用的剪辑技巧，变速用好了可以给 Vlog 视频带来节奏的变化。变速主要包括加速、慢速以及坡度变速。

加速通常在一个长镜头中使用，例如两个动作之间的连接，就可以用加速来缩短这个镜头的时长；想特别强调某个景物时，可以由正常速度转为慢速，例如，前期拍摄一个正常速度的镜头，在后期剪辑软件中，可以把你想要在这个镜头中表达的重点放慢播放。

还有一种坡度变速，这种技巧通常用于连接两个素材，也就是转场，前一个素材的结尾加速，后一个素材的开始加速，然后剪辑在一起，可以实现顺滑的转场效果。但这里要注意，前后两个素材的运镜方向尽量一致，也就是说，前一个素材的运镜方向是从左向右，与之相连的下一个素材的运镜方向也要从左向右，这样才能保证在坡度变速后效果更加顺滑。

4.4.4 快切

使用快切（快速切换）镜头可以在 Vlog 视频中不依靠音乐来营造节奏感，下面介绍 3 个快切技巧。

1. 不依靠音乐快切

依靠音乐的节奏切镜头称为“卡点”，不叫“快切”，没有音乐支持的情况下才叫“快切”。我们可以利用画面的反差和音效，取代音乐营造一个外在节奏，从而吸引观众的注意力。

2. 选择特写镜头快切

在选择快切镜头时，尽量选择信息量少的特写镜头，减少观众识别信息的时间。同时，时长一般在 3~10 帧，如果太短观众看不清，太长就会失去快切的意义。

3. 加入特效增加快切质感

加闪白或者故障动画等，可以让快切的效果更一目了然。当然，转场效果不能喧宾夺主、太过亮眼，否则观众的注意力就会被转场吸引，而忽略内容本身。

另外，在 Vlog 中还可以用构图匹配、后期快切来实现时间流逝或者压缩时间的效果。

大家肯定见过同一个人穿不同的运动服跑步，然后通过剪辑组合到一起，以表明锻炼了很久，这就是匹配剪辑的作用。再如，某人在加班，就可以拍摄相同构图、不同时间段的人物状态，通过匹配剪辑来压缩时间，表现辛苦加班的效果。

表现逛超市、探店等视频，都可以用这种方法使视频效果更有节奏、更紧凑。

4.5 视频色彩与调色

颜色是可以与心理学挂钩的，例如，大家经常说蓝色代表压抑，红色象征奔放、热烈，紫色与神秘高贵画等号等。因为这些因素的存在，我们在美术、影视、设计等与颜色相关的行业，对于颜色的搭配都有着不同的使用方法。抛开画面来讲，颜色对于内容和渲染情绪也能起到一定的作用。

色彩与情绪、感情有关

不知大家是否看过 Sam Kolder 制作的 Vlog，视频调色很耐看，给观众带来的是一场视觉盛宴，其实，在调色之前，我们应该懂得一些色彩的原理。

Sam Kolder制作的Vlog的调色效果

鉴于此，我们会发现恐怖片、战争片的颜色偏冷，青春爱情片的颜色偏暖。在观众心里，已经觉得战争很残酷，所以你就不能让战争以一种美好、温暖的色调去诠释。知道了这些，可以避免我们去做一些愚蠢的事情。

不同的色彩可以表现不同的情绪

4.5.1 色环的概念

色彩的本质是光，光的本质是电磁波。我们之所以能看到五彩缤纷的世界，就是因为光的照射，不同波长的光在人眼中产生不同的颜色变化。不同波长的光在不同生物结构（眼睛）中的反应是不同的。例如，动物看到的彩色世界与人眼不同，而且人眼对颜色的识别也是有差异的（色弱、色盲等现象），但大部分人对颜色的识别大体相同，所以说，人眼定义了颜色并进行了命名。

什么是色相环？对颜色的命名就叫“色相”。太阳光经过三棱镜散射后会形成一道像彩虹一样的光谱，赤、橙、黄、绿、青、蓝、紫就是从这道光谱中找出的七种单色光。把这道光谱首尾相接为一个圆，便形成了最初始的“色相环”。

色相环

色相环的基础理论是“三原色”，“原色”是指不能由其他颜色混合而成，却可以混合产生其他颜色的单色。光学色环中的三原色是红、绿、蓝，印刷三原色是青、品、黄，美术中的三原色是红、黄、蓝。色相环是由三原色两两混合产生三个间色，再由间色和原色混合产生复色，这样便形成了“12 色相环”，在“12 色相环”的基础上相邻颜色混合就产生了“24 色相环”。

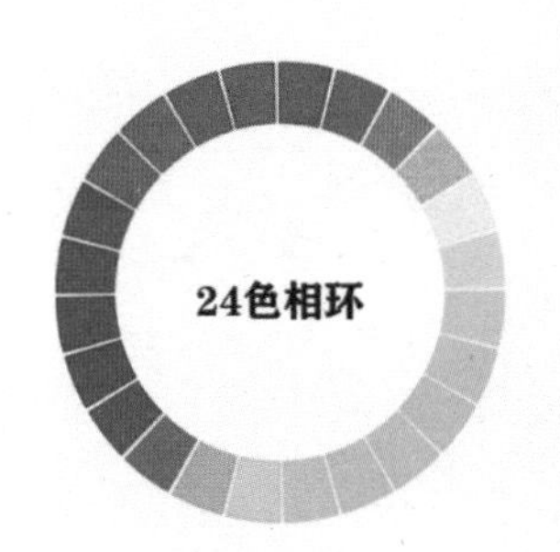

24色相环

颜色的混合分“加色模式”和“减色模式”。在光色的混合中，颜色越多越亮，所有颜色加到一起便是白色，所以称为“加色模式”；颜料混合中，颜色越加越深，所有颜色混合就是黑色，所以称为“减色模式”。认识了色相环的概念，接下来我们就来了解在剪辑软件中使用的方法。

颜色的三个特征——色相、饱和度、明度，也就是剪辑软件中的 HSL。

色相（H）就是颜色的名字，例如，红色的色相为红，蓝色的色相为蓝，我们可以在一个圆环上标记出所有的色相。

饱和度（S）就是颜色的强度，饱和度越高色彩越纯、越浓，饱和度越低则色彩越灰、越淡。

明度（L）指的是色彩的明暗程度，亮度值越高，色彩越白，亮度越低，色彩越黑。

我们把色相（Hue）、饱和度（Saturation）和亮度（Lightness）三个属性整合到一个圆柱中，就形成了 HSL 色彩空间模型。

知道 HSL 对于视频调色的重要性后，我们可以对颜色进行不同程度的控制和调整，例如，想要将视频调整为青橙色调，也就是将画面的重点颜色调整为青色和橙色，其他颜色的色相，如与青色相邻的绿色和蓝色，就可以利用色相调整滑块，将蓝色和绿色往青色调整。

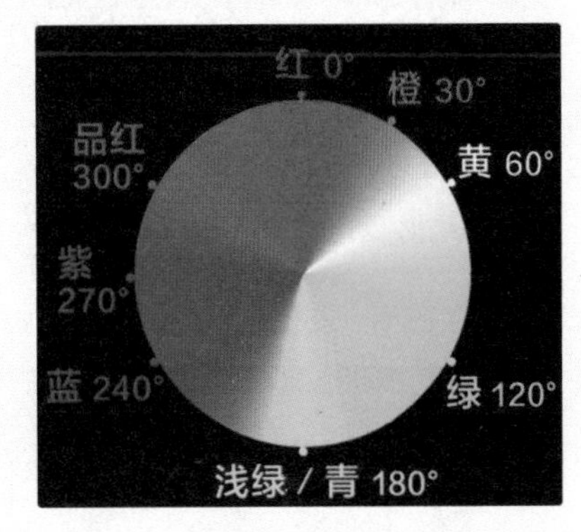

HSL色彩空间

剪映专业版更新后，增加了 HSL 调整面板，可能很多人对于色相的调整还不太熟悉，在这里用青橙色调的调整进行演示。

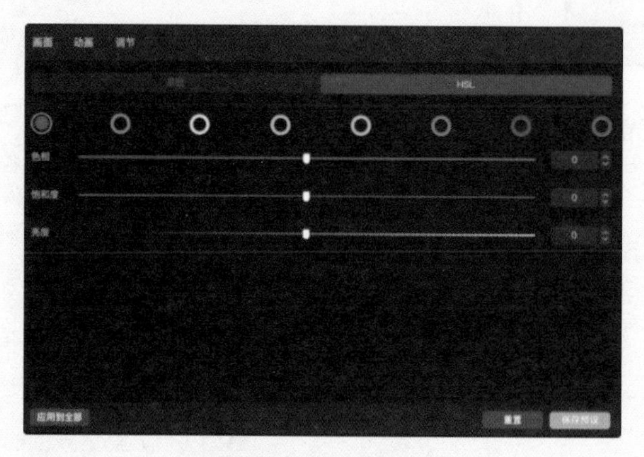

剪映专业版的HSL面板

单击绿色圆圈，先调整绿色。向左侧拖动色相滑块，颜色接近黄色；向右侧拖动色相滑块，接近青色，所以，我们只需要把黄色色相滑块向右拖动，就会改变黄色的色相，将黄色改变为青色。注意调整色相的滑块时要适度，不要搞极端，可以先调整一半，再仔细调整。

单击蓝色圆圈，调整蓝色色相。向左侧拖动蓝色滑块，颜色接近青色，向右侧拖动色相滑块，颜色接近紫色，所以此时同样把滑块往左拖动，将画面向青色调整。

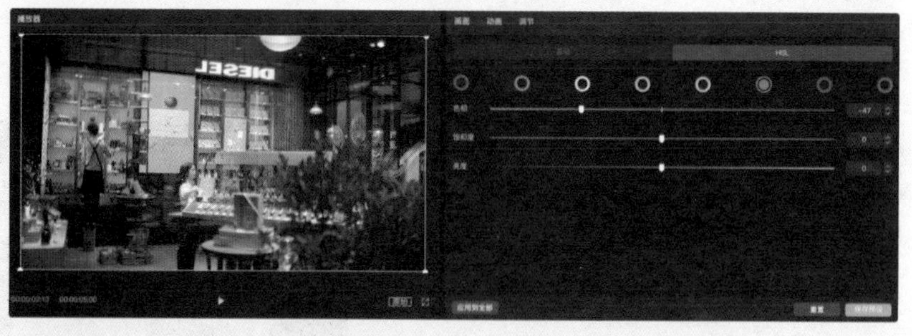

在单击红色圆圈，左侧是紫色，右侧是橙色，所以红色滑块向右侧拖动。

这样，色相就调整完了，接下来调整饱和度，既然是青橙色调，我们可以把除了青色和橙色的饱和度全部降低，让色彩的重点——青色和橙色更突出。

降低洋红的饱和度。

降低绿色的饱和度。

降低红色的饱和度。

把青色的饱和度提高。

提高橙色的饱和度。

对于明度，也可以适当进行调整。

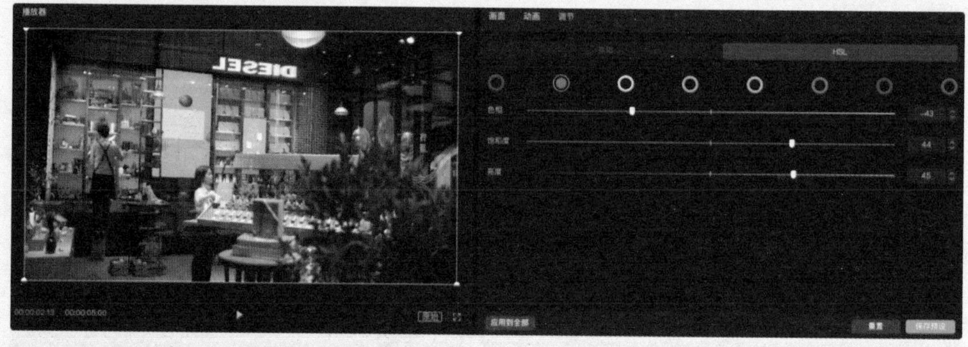

这里只是举了一个简单的例子，以帮助理解 HSL，大家可以根据自己的想法去调整画面的色彩，在调整的过程中逐渐增加对于色彩的理解和控制能力。

调整前

调整后

4.5.2 一级调色

我们经常在视频教程中看到“一级调色”“二级调色”的说法，什么是一级调色呢？即把拍摄的照片或视频进行基础的矫正，让画面的颜色回归其本来的面貌。

我们拍的原始素材或多或少都会有对比度、色温、白平衡等不准确的情况，一级调色要做的就是把这些不准确的参数进行矫正，还原画面中应有的颜色，白色的物体应该是白色或灰色的，而不能出现偏色，让画面回归真实的色彩后就完成了一级调色，接下来就要进行二级调色。

所以，一级调色也是调色的基本功，只有基本功扎实了，才能更好地在后面的二级调色中增加属于自己个性化的色彩。

我们以 Final Cut Pro X 剪辑软件来讲述一级调色的操作方法。

Final Cut Pro X 的色轮是快速、直观地进行一级调色矫正的工具，其有 4 个色轮，分别是全局、阴影、高光和中间调。拖动色轮左侧的三角形，可以调整相应颜色区域的饱和度，拖动色轮右侧的三角形可以调整明度，色轮中间的圆心可以向圆周的色彩区域拖曳，从而调整相关颜色区域的颜色。

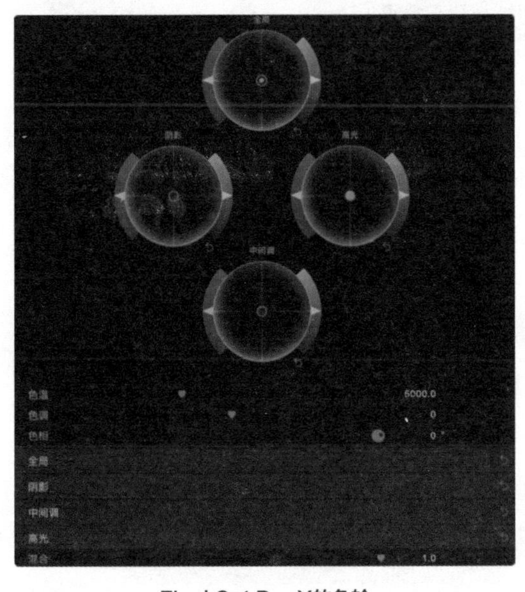

Final Cut Pro X的色轮

色轮下面的滑块，可以对色温、色调等参数进行调整，也就是说，在 Final Cut Pro X 的色轮面板中，就足够进行一级调色了。

同样，在剪映专业版中，也有一级调色的滑块。可以对色温、色调等进行调节。

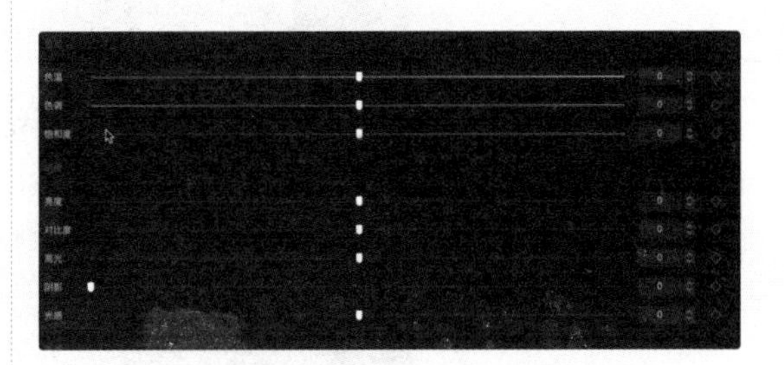

剪映专业版中的一级调色面板

如果是手机拍摄的视频，原生相机会自动对色温进行调整，非常方便，但也会带来一些弊端——在连续拍摄中如果光线发生变化，或者在光线比较复杂的场景，手机自动调整色温会带来视频颜色的变化，这种变化比较影响观感，后期处理也比较麻烦。

解决的办法就是尽量避免在光线不稳定的地方进行连续拍摄，而且可以分段拍，这样在后期处理时才比较方便。

如果是使用相机拍摄的视频，切记一定要关闭自动色温功能，也就是自动白平衡。要根据当时的环境，设置恒定色温，也就是每到一个新的场景，就拍一面白墙（白纸），然后调整白平衡直至在相机屏幕中显示正常的白色，这样的操作对于后期调色很有帮助。

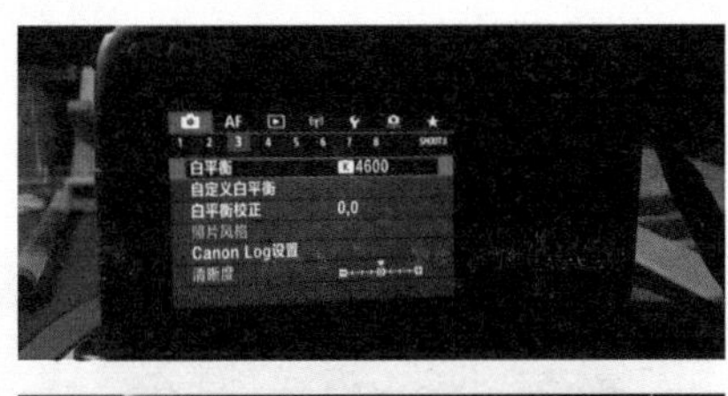

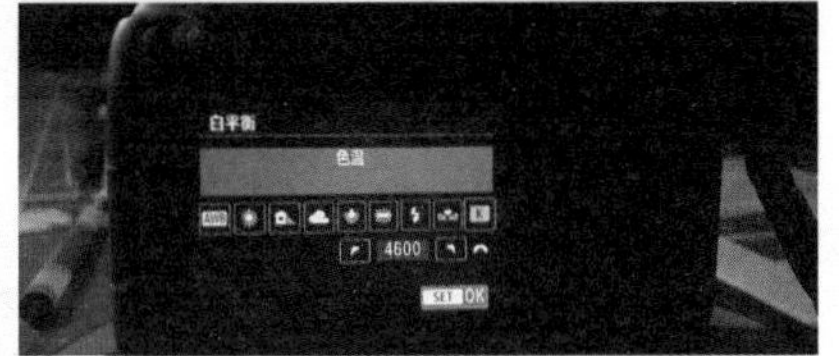

设置白平衡数值

在一级调色中，第一步就是恢复素材的色温。在剪映专业版和 Final Cut Pro X 中，用色温调整滑块进行处理即可。

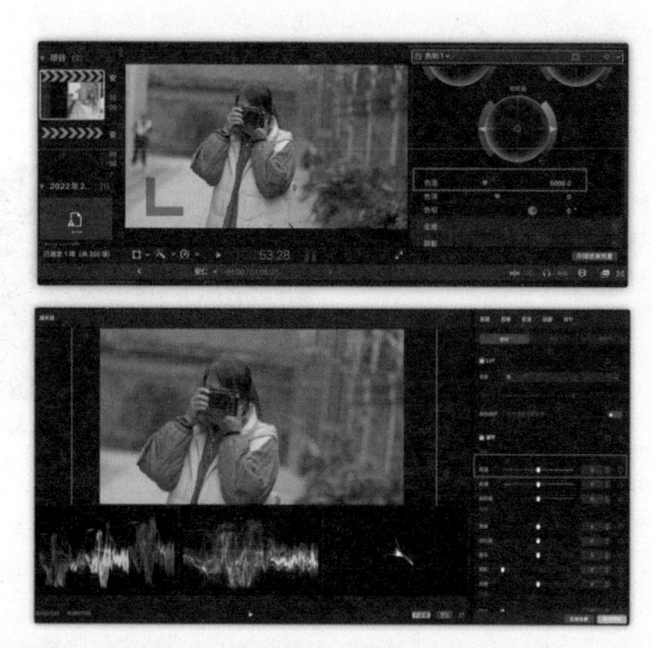

调整色温后，就要对素材的黑白电平进行调整。剪映专业版和 Final Cut Pro X 都需要打开示波器，Final Cut Pro X 按组合键 Command+7 可以打开，此时即可看到示波器。

剪映专业版和Final Cut Pro X的示波器

由于剪映专业版没有亮度示波器，所以我们以 Final Cut Pro X 的亮度示波器演示调整黑白电平的步骤。首先看到亮度示波器的 Y 轴上有 -20~120 的数值，波形越接近 0 越黑，越接近 100 越白，因此调整高光时，让波形接近 100，调整暗部时，让波形接近 0，即可完成黑白电平的调整。

用Final Cut Pro X对素材的黑白电平进行调整

用Final Cut Pro X对素材的黑白电平进行调整（续）

在一级调色中，做完以上工作，基本上就把素材统一恢复成一个比较理想的状态了，接下来就可以增加风格化的色彩，俗称“二级调色”。

4.5.3 二级调色

在二级调色时，可以加入个性化的色彩、格调来为自己的 Vlog 烘托气氛、渲染情感，最简单、快捷的方法就是添加滤镜（LUT）。

剪映专业版有非常多目前非常流行的滤镜可以直接调用，也可以添加自己定义的 LUT 文件。

到了套用滤镜这一步，滤镜的选择比较主观，什么类型的 Vlog 配合什么样的滤镜，依照个人的喜好和目前所流行的趋势综合决定即可。

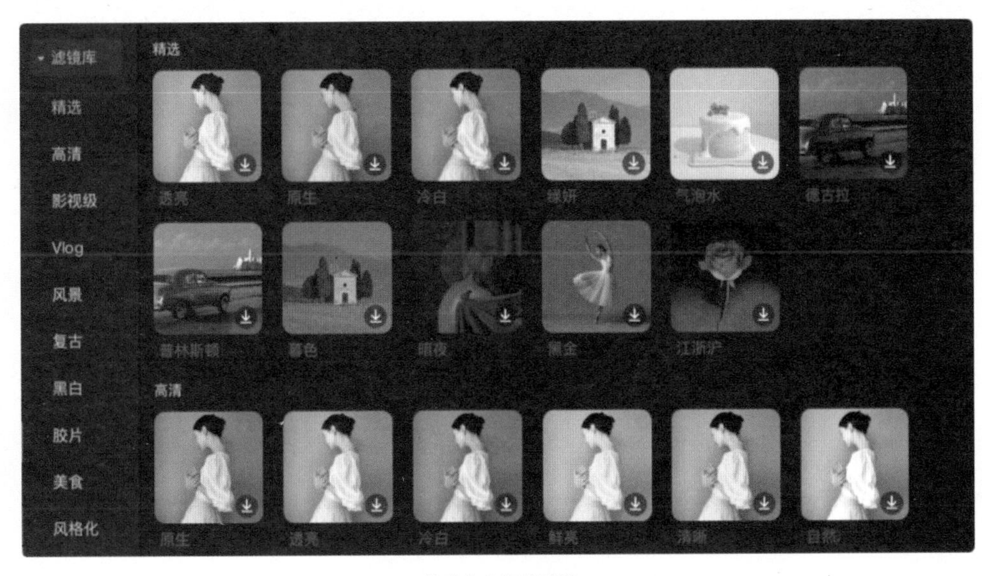

剪映专业版的滤镜

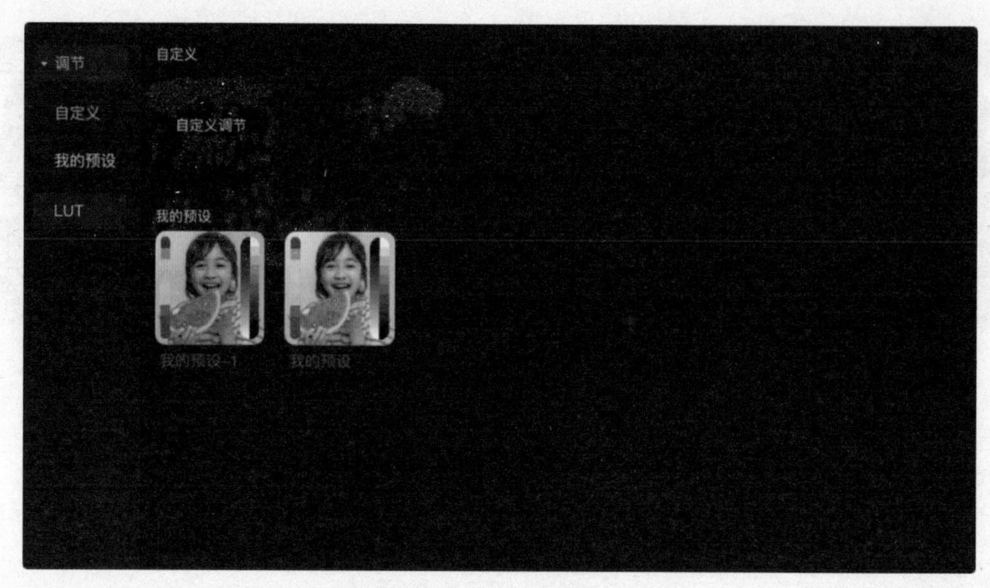

现在的剪映专业版也可以套用自定义的LUT文件

本章，我们从培养剪辑思维开始，再到剪辑流程，最后到剪辑的相关技巧，从思维到实操，对剪辑这一创作过程进行了较为详细的介绍，希望通过阅读本章的内容，你能对剪辑有所认识并通过不断练习提高自己的剪辑水平。

第5章 旅行日记

——旅行中如何拍好vlog

画面
主题
分镜
因果思维
创作思维和方法
旅拍前的准备
设备
对象、地点
思路与技巧
有效素材
空镜
人物
美食
后期剪辑
剪辑流程

“世界这么大，我想去看看，世界这么美，不记录会后悔”。能用 Vlog 的方式把在旅途中的所见所闻记录下来，是一件意义非凡的事情。本章我们就来看看，在旅行中如何拍好 Vlog。

5.1 无脚本创作思维和方法

在旅途中，很多情况都是到一个陌生的地方，过程中会遇到很多意想不到的风景，也会结识不同的朋友，这些都是不可预见的因素。因此，每次都提前想好主题并写好脚本的可操作性不是很大。旅拍 Vlog，培养无脚本创作的思维至关重要。

无脚本并不意味着不需要任何纸面上的筹划，提前确定本次拍摄的主题，带着主题去拍摄是无脚本创作 Vlog 的前提。

无脚本创作 Vlog 的具体方法为：确定视频的主题、主画面和辅助画面；带着“分镜思维”“因果关系思维”和“转场思维”去拍摄。

无脚本创作也需要提前筹划并多加练习

5.1.1 确定拍摄主题

对于一个准备创作旅拍 Vlog 的人来说，拍摄的准备不仅是器材的准备，制定拍摄主题也是关键的一步。主题就相当于制作这段视频的标题，先把标题想好，并根据标题来制定旅行攻略、人物穿着，以及围绕主题的故事构思。

构思主题

提前确定主题会让你在拍摄的时候不手忙脚乱，会清晰地知道要拍些什么内容，侧重点在什么地方。

一个 Vlog 主题所包含的元素有重点拍摄项目、故事结构和必要的衔接镜头。

1. 重点拍摄项目

“网络发达，学会搜索。”一个地方必定有值得去、值得拍的地方，按照搜索结果选择自己要拍的项目，然后全部罗列出来，进行一次头脑风暴，筛选出重点拍摄项目，这样做的目的就是能够避重就轻，拍摄的时候也能节省时间。

主题就是点亮思路的明灯

2. 想好故事

一个好的故事是 Vlog 的基本趣味之一。提前想好几个故事并写下来，在旅途中那些意想不到的情节和自己提前构思好的故事会碰撞出不同的趣味点。注意这里的故事可不是电影电视剧中的故事，有正派和反派，主角和配角相爱厮杀、破镜重圆，在旅拍 Vlog 创作中，把预先构思好的主题的来龙去脉讲清楚就是一个有完整故事的 Vlog。

把主题的故事叙述完整

3. 必要的衔接镜头

实在不知道拍摄什么，就拍一些路标、文字性的东西和特写镜头，这些片段在后期剪辑时会成为很好的衔接素材。

多拍一些可以在后期衔接场景的素材

5.1.2 主画面和辅助画面

到一个陌生的地方旅游，在没有脚本的情况下，要学会运用主画面和辅助画面并进行搭配，把本次拍摄提前准备好的主题和故事交代清楚。

1. 主画面

刚才说了主题和故事，所有 Vlog 的主画面都要围绕这个展开，特别是 Aroll（对着镜头说话的环节），这是整个故事的主线。在旅途中，要确保把重点项目的主线拍摄完整。

把Vlog的主线讲清楚是基本要求

2. 辅助画面

Aroll 是比较枯燥的环节，必须配以解释说明的辅助画面，所见即所得，说到哪里，一定要补拍相应的 Broll（与之搭配的空镜）。例如，你在镜头里说：“我今天来到了美丽的安仁古镇，看到了文旅号铛铛车”，当你录制完 Aroll 后，一定要多拍与之相对应的 Broll。如何拍摄 Broll，在之前剪辑的章节中已介绍，在此不再赘述。

把Vlog的主线表述清楚是丰富的辅助镜头的功劳

5.1.3 培养分镜思维

带着分镜思维拍摄，会让后期剪辑有更多可利用的素材，而且会让 Vlog 看起来更具有观赏性。简单来说，就是要有镜头成组的思维方式——记录一个事物，用不同的景别、不同的角度重复记录。例如，乘坐小火车，用 4 个镜头就可以交代清楚从看到火车到坐火车的过程，分镜的作用和魅力很大。

带着分镜思维去拍摄，可能需要被摄对象一个动作重复做多次，千万不要嫌麻烦。

这里只是举了一个简单的例子，你也可以设计不同的分镜，无论简单或者复杂，只要遵循一点就可以——分镜不要太多，否则会让观众产生视觉疲劳。

1.小火车

2.司机

3.特写

4.窗外

5.1.4 带着“因果思维”去拍摄

我在这里想问大家一个问题，你们觉得好莱坞最伟大的拍摄方式是什么？你可能想不到，其实是“反应镜头”。

反应镜头其实就是带着“因果思维”最容易拍摄到的镜头。

举一个简单的例子，人物的眼睛看向画外物体，会让观众产生好奇心——他到底在看什么呢？所以，只要人物的视线停在某个物体上，下一个镜头就应该立即切至这个物体上，为观众解除好奇心，这样的剪辑就会顺畅自然，而且，一个新事物入场后，一定要给一个特写镜头。

再如，你拍了一个人物向上拍照的镜头，那下一个镜头就要切到人物看的事物上，这就是因果思维——她在拍什么？她在拍飞鸟。

在后期剪辑时，强相关的两组镜头会让你的视频看起来更有逻辑。

因果思维的镜头组接

因果思维的镜头组接，图片来自@Brandon Li

再如，你在旅途过程中拍了一个有意思的场景，此时旁边围观了很多路人，在你拍完这个不错场景的同时，不要忘了给在场的观众来一个反应镜头，两个镜头剪辑在一起，效果非常不错。

反应镜头很有意思

带着这种“因果思维”去拍摄，你就会养成有意识地拍摄成组素材的习惯，这对于一个无脚本创作的 Vlog 来说非常重要。

5.2 旅拍前的准备

对于旅拍前需要准备的东西和衣物这里就不过多介绍了，本节主要向大家介绍旅拍前关于 Vlog 拍摄设备、被摄对象以及行程方面的准备。

5.2.1 旅行的拍摄设备

1. 和家人一起旅拍的建议

拍摄设备一定要遵循设备从简、拿取方便、焦段覆盖面广这三个原则。我经常和家人一起旅行，有老人孩子需要照顾，有时候拍摄并不是完全自主的。在这种情况下，就不能让设备给自己带来更多的不确定性。

设备从简。一台微单相机、一台运动相机、一架无人机，基本上就可以满足绝大多数和家人一起的旅拍场景。

拿取方便。除了相机包能够“侧开侧取”，方便取相机和镜头，一款好的相机肩带也必不可少。

和家人一起旅行要轻装上阵

侧开相机包拿取相机很方便

下面这两种肩带可以把相机挂在侧面或者胸前，这对于旅拍来说非常方便。

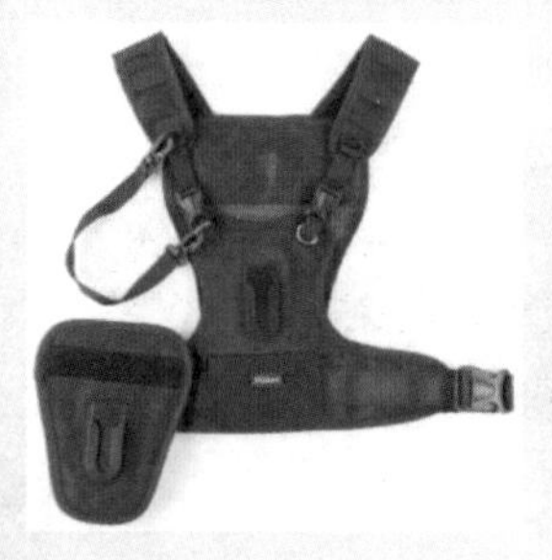

肩带能够为抓拍带来便利

焦段覆盖面广。虽然定焦镜头成像效果比变焦镜头好，但是旅拍是不太适合定焦镜头的，一款覆盖广角和长焦端的变焦镜头非常必要。

左侧的24-105mm镜头和右侧的16-80mm镜头比中间的三支定焦镜头更适合旅拍

旅途中所带的东西本身就多，所以我不建议带稳定器，假如你再带一个稳定器加一台微单相机，体积大不说，加起来也有五六斤重了，对于旅途中的人来说，非常不方便。例如，你正在坐车时，天边突然出现了一只海鸥从美丽的夕阳前飞过，你觉得脖子上挂着的佳能 G7X 拍得到，还是放在后备箱的这套五六斤的设备能够拍得到呢？

2. 个人旅拍设备建议

独自旅行自由度高，目的性强，建议可以不用考虑体积和负重，多带一些拍摄设备。

一镜走天下的镜头，例如腾龙 35-150mm F2-2.8 Di III VXD、佳能 RF24-240mm F4-6.3 IS USM 这样的覆盖面广，同时又能兼顾自拍的镜头，一定要携带。GoPro 或者大疆 Action 2 可以拍摄第一人称视角的影片，也可以考虑。

体积虽然稍大，但这样的变焦镜头在旅游时能拍到很多东西

夜晚想要拍出纯净的画面，可以用定焦大光圈镜头或者 16-35mm F2.8 这样的光圈略大的

变焦镜头。这就是独自旅行的好处，有充足时间换镜头，也有空间装设备。

另外，独自旅行还有一个必不可少的设备就是三脚架，兼顾拍摄的同时还能自拍，这里推荐八爪鱼三脚架，能够灵活固定在不同的位置，方便自拍取景。

八爪鱼三脚架在旅拍中很方便

5.2.2 了解设备和被摄对象

设备是工具，被摄对象是你要拍的人，二者都要熟悉。

手机的视频功能基本是“傻瓜”型全自动的，你只需要把精力放在构图上即可，剩下的就交给手机来完成。

这里我主要介绍一下相机的光圈、快门、感光度、传感器、景深这几个概念和用法，这对于无论是微单相机还是单反相机的使用都很有帮助，而且如果你恰巧要购买一台微单相机拍 Vlog，这些概念也能帮助你。

了解你手里的相机，才能发挥最大的作用

1. 光圈（F）

光圈是镜头里的一个装置，由一系列叶片组成。这组叶片组成的接近圆形的孔可以变大变小，从而调整光线进入相机传感器的数量。

镜头的光圈

在相机中，光圈用 f/（或 F）表示，每一支镜头的 f/ 值都有差异，定焦镜头往往在包装盒上标注的是该镜头的最大光圈值，如下图所示，光圈越大，f/ 值越小。

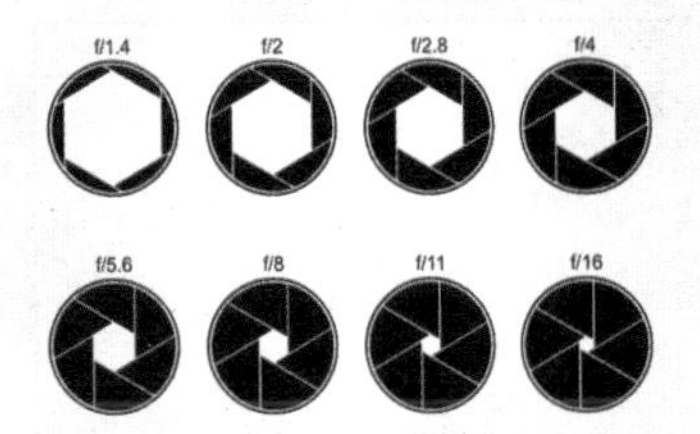

光圈与光圈值的对应关系

下图所示的这支镜头是变焦镜头，16-80mm F4，意思是在 16mm~80mm 焦段的光圈可以恒定在 F4。

XF 16-80mm F4 R OIS WR

16mm焦距光圈值为F4；80mm焦距光圈值还是F4

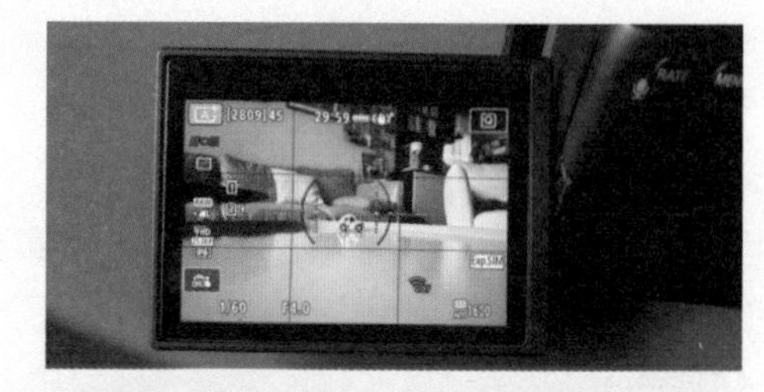

24mm焦距的光圈为F4；在105mm焦距的光圈就变成了F7.1

16mm焦距和80mm焦距，光圈值均为F4的成像效果

24mm焦距光圈为F4和105mm焦距光圈为F7.1的成像效果

下图所示这支镜头是佳能 RF24-105mm F4-7.1 IS STM，意思是在 24mm~105mm 焦段的光圈值从 F4 到 F7.1 变化。

RF24-105mm F4-7.1 IS STM

当今大家都在追求大光圈，有两个原因。一是大光圈镜头可以有很好的背景虚化效果，也就是浅景深；另外一个原因是大光圈镜头在夜晚的表现更好，夜晚拍摄光圈越大，意味着进光量越大，在夜晚的拍摄效果就越好。

在实际拍摄中，该如何利用光圈为拍摄视频服务呢？无论怎么调整，我们对拍摄视频要求都只有一个，就是不能让画面过曝。例如在户外阳光充足的情况下开大光圈进行拍摄，如果想要得到背景虚化的效果，但是此时由于进光量过大，画面整体会过曝，就要根据光线和场景的不同，权衡调整光圈值。

35mm F1.8定焦镜头

F1.8大光圈镜头可以让主体清晰，周围虚化

在这种情况下拍视频，可以用 ND 减光镜，既能控制进光量，又可以使用大光圈虚化背景。

可调ND减光镜是室外拍视频控制光线的好助手

F1.8 1/50s，画面过曝，需要加装ND减光镜

快门和光圈值不变，未加装 ND 减光镜的效果

快门和光圈值不变，加装 ND 减光镜的效果

加装ND减光镜后，得到合适的背景虚化效果的同时，曝光也很正常

另外，用最大光圈拍摄特写时，因为光圈大导致景深很浅，会导致拍摄对象的局部失焦，要避免这种情况就必须调整光圈值。

拍摄特写时，大光圈会让边缘模糊、锐度下降，此时要适当收小光圈

2. 帧速率（fps）

帧速率就是视频中每秒由多少张图片组成，30fps（帧 / 秒）就是视频的一秒由 30 张图片组成，帧速率越高，视频的播放效果就越顺滑、细腻。但并不是说帧速率越高越好，不同帧速率对应不同的拍摄场景。

24fps：是拍摄电影使用的帧速率，也是最常用的帧速率，如果你拍摄的视频后期处理时无须慢放，而且还想要一点儿动态模糊，就用 24fps 来拍摄。适用于想体现速度感和夜晚拍摄。

60fps：60fps 用来拍运动的场景，例如婚礼、体育赛事、运动会、儿童等，因为每秒由 60 张图片组成的视频，足以捕捉这些移动的瞬间，在后期慢放 50%，也能顺滑地展现细节。

120fps：如果你的微单相机能够拍摄 120fps 的视频，也就是升格，那就可以拍到很慢的慢动作效果，这对于 Vlog 视频提升质感很有帮助，但要注意，拍摄 120fps 升格视频时，有些相机是不能记录声音，而且 120fps 往往对光线要求较高，需要保证光线充足，否则画质会受到较大影响。

3. 快门

快门是相机上的一个装置，用来决定每一张照片曝光的时长，确保让光线照射到每一张画面上。大部分微单相机都是用时间单位测量快门速度的，如几分之一秒。调慢快门会增加曝光，因为这会让更多的光线照射到相机传感器，那我们该如何设置快门速度呢？有一个标准，就是快门速度的分母应当设置为帧速率的 2 倍，例如当前帧速率设置为 24fps，那么快门速度应当设置为 1/48s（但是相机没有 1/48s 的设置，选择 1/50s 即可），以此类推，如果是 60fps，快门速度应当设置为 1/125s。

25fps时，快门速度设置为1/50s

为什么要把快门速度的分母设置为帧速率的 2 倍呢？这是因为人眼有视觉时滞现象，也就是看到高速运动的景物时，会出现动态模糊的效果。而使用过高的快门速度录制视频时，运动模糊消失了，取而代之的是清晰的影像。例如，在录制一些高速奔跑的人物时，由于双腿每次摆动的画面都是清晰的，就会看到人有很多条腿的画面，也就导致画面出现失真、不正常的情况。

4. 感光度（ISO）

感光度数值是指传感器对光线的敏感度。当减小 ISO 数值时，传感器对光线的敏感度降低；增大 ISO 数值时，传感器对光线更敏感。

增大 ISO 数值会增加曝光，但随之而来的副作用就是噪点增多，画面变得不纯净。每种型号相机的感光度对噪点的控制不同，如果你想要夜晚拍摄相对纯净的画面，那么在选择相机时，就要看 ISO 这个重要参数，在高感光度的情况下，噪点表现如何，画面是否纯净。

高感光度会在图像的阴影部分产生较多噪点

一般来说，像素高的相机在高感光度下的噪点会多一些，这就是为什么索尼的 α7 S3、FX3 这样的专业视频相机的像素都只有 1200 万的原因。所以，你想拥有优秀的高感光度画质，就要舍弃高像素相机。

5. 传感器

我们经常听到的“残副”“全画幅”“中画幅”这样的词语，其实说的都是传感器的大小。这里就不过多赘述传感器的一些理论知识了。一般人认为传感器可能更多的只是和价格相关，传感器越大的相机，价格越高，当然，传感器面积越大，拍摄的画质会更好，画面的立体感更强。但无论是什么尺寸的传感器都能够拍出优秀的 Vlog。

相机的传感器

上面的内容大概介绍了相机的一些常用参数，但还有很多知识需要我们自己去了解。除了购买相关的书籍，还有一个了解自己相机的宝典——说明书，将其装在相机包里，随时查阅。

熟悉了设备，下一步的工作就是要熟悉被摄对象以及了解一些拍摄动作和道具等。

6. 了解被摄对象好看的角度

提前了解被摄对象最好看的拍摄角度是最容易被 Vlog 新手忽视的一个环节。很多新手把过多的精力花在人像拍摄的各种动作、姿势、角度以及后期美颜和磨皮上，生搬硬套后发现效果并不是很理想，但也说不出原因。

其实，你往往忽视了被摄对象最好看的拍摄角度，这些动作、姿势是不是适合你的拍摄对象，你的拍摄对象左脸好看、右脸好看，还是背影更好看等，这些都需要提前做功课，并积极与被摄对象沟通。

一般来说，女生会比较注意自己在视频中的形象，除了提醒对方拍摄地的天气状况，需要穿着的衣物，还要通过沟通和观察其最好看的拍摄角度是什么，喜欢摆什么样的姿势，有没有特别喜欢的道具等，考虑得越周全，问得越详细，拍摄的成功率就会越高。

7. 穿衣打扮

旅行中的百搭款就是白上衣 + 休闲裤或牛仔裤，白裙子也可以，漂亮，不易出错。

衣服与环境也要协调，在城市中游玩就选择休闲或街拍风格的衣服；在古镇游玩时，可以租一套汉服，一定是很不错的选择。

白色永远是百搭款

8. 色彩搭配

穿衣色彩搭配有一个原则，就是衣服颜色不要超过 3 种，超过 3 种颜色在视频中会显得杂乱。当然，色彩搭配也要与旅拍目的地的环境色相匹配。例如，如果目的地环境的背景色比较多，那么被摄对象可以穿得亮一点儿，更能凸显人物。

背景杂乱就穿亮色衣服

有些旅拍目的地能够看出主色调，例如海边、森林、博物馆、雪景、沙漠等，这些环境都有一个主色调。遇到这种情况穿着分两种，一种是搭配同色系的，另一种是搭配对比色的。

同色系是指穿和环境主色调一致或者相近的衣服，这是比较稳妥的搭配方式，整体比较和谐。

和大海同色系的蓝色裙子，和公园同色系的绿色连衣裙都比较好看

当然也可以穿对比色的服装，对比色只要能够看出反差、凸显人物，并且看起来舒服，就是合适的搭配。

这样与环境颜色对比可以凸显的穿着，看起来会更协调

最后一个搭配方式就是手持装饰道具，例如帽子、背包、雨伞等，甚至是一块小方巾，扎头发、绑在手上都是不错的搭配方式。喝一杯奶茶、骑自行车，也会为视频效果加分。

旅拍中道具是必不可少的加分项

5.2.3 拍摄地点的行程规划

1. 旅拍行程攻略

旅行行程往往也是最终视频剪辑的时间线，所以，提前规划好旅途行程显得尤为重要。如果一次旅行会遇到多个城市，那么以城市为单位的行程规划就是这次旅行的总体规划。你需要了解本次旅途的总时间、天气情况、交通工具，以及被摄对象的需求和时间安排等，综合这些因素来确定总体规划。

出行前的 4 个 W 如下：

Who：你和谁出行？几个人出行？重点拍摄对象是谁？

When：什么时候出发？什么时候返程？

Where：准备去什么地方（国家 - 城市 - 地点）？出行人中是否有去过的人？曾经去过哪些地方？

What: ①大交通的选择；②住宿的选择：星级、位置、价位、房型……③当地交通选择：包车、自驾、公共交通、徒步……④购物选择：买什么？⑤娱乐活动的选择：本土活动、喜欢的活动……⑥餐饮的选择：特色餐厅、小吃店……

把这 4 个 W 的所有能够想到的事件全部记下来，慢慢梳理行程计划，这种方法特别适合旅拍 Vlog，而且充足的准备也会给旅途中的拍摄带来极大的便利。

2. 常用 App

查攻略类 App：知乎、小红书、马蜂窝。

预定类 App：携程、飞猪、去哪儿。

民宿类：美团、小猪。

餐饮类：大众点评。

在这个信息爆炸的时代，要学会甄别有用的信息，在 App 上除了看评分及其他博主的照片、视频，也要自己做一些功课，印证他们的信息是否可靠，否则很可能会被“照骗”。

另外，准备一些一次性用品很有必要，包括一次性内衣、袜子等，其中袜子是重中之重，别问我为什么，旅拍前一定要买够。

3. 了解拍摄地点的时间

在充分做好总体规划的基础上，要确定每一个环节的具体拍摄时间。

拍摄 Broll 和一些漂亮的人物镜头，往往和光线有很大关系，如果旅拍大多都在室外，那么对于阳光的把控就会很考验一个 Vlog 创作者的功底。

旅拍大神“布兰登李”、Sam Kolder 以及“小鹿老师”等优秀旅拍创作者的作品，拍的景色都非常漂亮，因为他们都选择了最合适的拍摄时间。

一天中的黄金时刻

一般来说，室外拍摄，日出和日落是一天当中拍摄的黄金时刻，这段时间的光线相对正午的阳光，硬度偏软，色温偏低，不仅拍风景漂亮，此时的天光打在人的面部，无论是顺光还是逆光，都能拍出非常好的效果。另外，日出日落的时候太阳和地平线距离较近，还能拍出漂亮的剪影。

但是，在中国绝大多数景区，日出和日落的时候往往都是停止营业的时间，这就给拍摄美景带来了一些障碍。这里有两个办法，一个就是早去早拍，把握景区开门的时间，尽量早点儿去拍；另外一个办法就是提前与景区工作人员沟通，例如，我 2021 年 6 月在都江堰拍摄，为了得到最佳的拍摄效果，在傍晚 6 点闭园后，依然被允许在景区内拍摄，不仅拍到了漂亮的画面，而且此时景区空无一人，得到了真正的“空镜”。

4. 了解拍摄地的人文

了解拍摄地的人文，可以让你知道哪些可以拍，哪些不能拍。很多景区有着历史文化沉淀或特殊要求，是不允许拍摄的，作为 Vlog 新手切莫抱着侥幸心理拿着手机或 GoPro 偷偷拍摄，这样既是不专业的表现，也是对景区不尊重，一旦被工作人员发现，有可能会被扣留设备，造成不必要的麻烦，同时影响整体拍摄进度和心情。

5.3 旅途中的拍摄思路与技巧

之前说过无脚本创作的思维，那么在实际旅拍的过程中，到底应该拍什么素材呢？而且如何拍才能更好看？这是新手初拍时问得最多的问题。看了很多作品，听了很多课程，可是到了真正实际拍摄的时候，大脑却一片空白，不知如何下手。本节重点解决“脑子会了，手还不会”的问题，为你厘清拍摄思路。

5.3.1 寻找有效素材

旅途中形形色色、车水马龙、眼花缭乱，很多新手拍出来的素材基本都是无用的。所以，旅拍中很重要的一个技巧就是要寻找有效场景进行拍摄。

1. 寻找亮点

例如一条街道，表面上看上去人来人往毫无亮点，但是作为创作优质 Vlog 的旅拍摄影师，就要有一双能发现美的眼睛，去发现整条街上的亮点，再去拍摄，这样的画面看起来才是有意义的。

善于发现并拍摄有效素材需要锻炼观察力

一个孩子的笑容，一只懒洋洋的猫，一栋建筑物的一个边角，像这样突出的主体能够让看你视频的人知道你想表达什么。很多瞬间往往也是有故事的瞬间，多记录这样的画面可以锻炼我们发现亮点的能力。

多寻找有故事的画面

2. 注意构图

三分法、黄金分割法构图等，都有一个目的——表达主体内容。在旅拍的过程中，构图是加分项，构图不完美但能够表达主体，也不会影响什么，但有一点要注意，就是要做到横平竖直，特别是水平线如果不平，这一定是减分项。

横平竖直是保证不犯错的构图技巧

人物横平竖直是风景空镜的安全构图方法，在拍摄人物时，尽量离得近一些，采用近景或者特写，也是比较安全的构图方法，可以清晰展现人物的表情和情绪。

人物离得近，就好像和观众在对话

另外，尽量避免背光拍摄，否则主体很可能曝光不足，导致素材无效。

3. 多交流

旅拍的过程中会遇到很多陌生人，我们也会捕捉陌生人的一些镜头作为人文素材使用，但很多情况往往都是“偷拍”的，绝大多数人对此并不反感，但有些人也会在意你在拍他，进行必要的沟通是必需的，如果沟通不畅，会导致不必要的麻烦。

其实，只要做好沟通，你就能拍出很多有效的素材。如果你和他靠得很近，不要害羞，只需要和他说一声：“我是 Vlog 创作者，不好意思我取几个镜头。”绝大多数人都不会拒绝。

和这个大爷沟通好后，他很乐意让我拍摄

4. 照片和视频都要记录

我们看很多优秀 Vlog 创作者的旅拍作品，除了视频素材，其中还穿插了很多照片素材，配上合适的背景音乐，节奏感觉很好。那么，在旅拍的过程中，如何做到照片与视频素材的同步积累呢?

我的建议是，如果给女朋友或者模特拍摄，在选好角度和景别之后，先拍几组照片，然后拍摄 5~10s 的视频。这样下来，你在剪辑的时候，可用的有效素材就会比较充裕。

5. 快慢节奏的素材各拍一组

这里给新手，特别是还没有剪辑思路的人推荐一个很好用的拍摄技巧，就是针对一个场景，拍摄快、慢不同的两套素材。

具体来说，例如在一间很有特色的咖啡馆拍女朋友，你可以在门口拍一组快节奏的素材，让女朋友骑着单车经过，还可以让她挎上背包轻快地走过。然后，你再拍一组慢节奏的素材（略带忧伤的那种），你可以让女朋友坐在咖啡馆里，手捧一杯咖啡，视线瞥向窗外。

这样的拍摄方法虽然前期拍摄的时候有些麻烦，但很适用积累有效素材，那些对于后期剪辑还没有考虑好的人同样适用。

要珍惜每一次拍摄的时机，在尝试不同风格的过程中，可以逐渐发现属于自己的风格。

5.3.2 拍出 Vlog 的质感

拍出 Vlog 的质感，除了与器材相关，掌握一些技巧还能提升视频的质感。下面就介绍几种常用的方法，希望能够帮助大家提升一下 Vlog 的质感。

1. 寻找前景营造虚化和层次感

适当寻找前景是能够营造立体感的拍摄方法，但放置前景也要讲究方法。首先，前景必须能够强化构图，并且不能遮挡住主体，如下图所示，加上前景后可以让画面看起来更饱满。

前景强化构图

2. 前景点缀环境

作为前景的物体，应该有助于点缀画面，但又不能喧宾夺主、太过于抢眼，作为前景的物体，既不能突兀，又要让画面有层次感。

前景点缀画面

3. 前景有叙事含义

前景遮挡还可以有叙事的内涵，例如，用路标引出拍摄的环境，观众就能清楚地知道这是哪里。

前景指明地点

4. 拍摄好看的空镜

没有人物的镜头叫作“空镜”，空镜在旅拍 Vlog 中占有很重要的地位，除了人物和故事，还需要在旅拍中将所见所闻用空镜展示出来。

拍摄好看的空镜

好的空镜能够表达 Vlog 创作者的态度，有解释、提示、象征、隐喻等的功能。用好空镜，能够增加画面的情感效应。“一切景语皆情语”，环境是人物内心感情变化的外化物，人的情感可以在环境内蔓延伸展，并与观众情感契合进而产生共鸣。空镜是一种以画面语言为主，有声语言为辅的艺术形态。

5.3.3 空镜拍摄技巧

在旅拍过程中，空镜最主要的作用是为观众交代时间和空间、介绍人物所在的环境。既然知道了这个目的，那就要有针对性地拍一些空镜。下面针对新手分享一些拍摄空镜的实用技巧。

1. 旋转仰拍

仰拍略带旋转的空镜素材，在后期剪辑时可以作为过渡衔接使用，一般来说，建筑物和树木是理想的拍摄对象，拍摄时要注意曝光和运镜速度。曝光要保证物体和天空都清晰且曝光正确，运镜不宜过快，想要加快速度可以在后期剪辑中处理。

仰拍小范围运镜

2. 放低角度拍摄

低角度会得到我们日常很难见到的视角，此时就需要用有翻转屏的相机来拍摄，否则低角度拍摄视频不方便取景。无论是高角度还是低角度拍摄，其实就是想告诉大家，寻找不一样的拍摄角度可以丰富空镜，让画面更有电影感。

低角度小范围运镜

3. 巧用玻璃或者镜子拍摄

镜子和玻璃用来反映周围的环境是非常有创意的拍摄方式，特别是在雨雪天，玻璃上的水滴缓缓落下，往往能够渲染氛围，营造质感。

会用玻璃或镜子是摄影师的基本功

4. 拍摄各种交通工具和标识牌

交通工具和标识牌在很多地方都是很有特色的，千万不要错过这些经过精心设计的标识牌，除了可以增加 Vlog 的美感，还能告诉观众拍摄的地点在哪儿。

用有设计感的标识牌美化画面、指明地点

5.3.4 将人物拍出质感

人物是旅拍视频的重中之重，你所有的准备、空镜、特效等都是为旅拍中的主要人物服务的。所以，拍好人物是你应当付出练习时间最多的项目。

以拍摄女朋友为例，在旅途中自然游玩的状态下拍出来的素材一般是最理想的，这种素材胜过刻意设计好的动作。

1. 抓拍

抓拍的时候，被摄对象往往会做出本真的动作和表情。抓拍不需要过多地与其沟通，属于摄影师的自由发挥，人物游玩的时候，吃东西、发呆、思考等都可以拍。

不经意的抓拍更真实

2. 细节

我们可以多拍一些人物其他方面的细节，例如，拍一些手部的特写。来到一家书店，除了眼神、书籍这些元素，手部轻轻划过书本的特写，会很好看，可以让视频中的人物更加生动。一味地拍摄面部，视频的丰富程度会大打折扣。

细节可以让观众了解更多内容

3. 用好道具

避免每个镜头都让她去刻意摆姿势，所以我们尽量让人物在旅途中保持最自然的状态，做一些经常做的事情，真实的动作往往也是观众喜欢看的。同时，也可以带上其经常随身携带的东西作为道具，利用好景别，就能拍出不错的效果，人物使用自己的东西也会更得心应手。

好道具也是旅途中的好工具

4. 用好玻璃

前面讲过拍摄空镜时用好玻璃，能够营造画面质感，那么在拍摄人物时也同样如此。例如，人物在镜子前化妆，可以在镜子前小范围运镜，拍镜子中的人物。另外，如果在室外遇到玻璃，人物可以站在玻璃前，玻璃形成的影像会和人物呼应，氛围感一下子就出来了。

用镜子或者玻璃营造电影感

5. 利用前景拍摄人物

之前说过拍空镜可以利用前景提升质感，拍人物同样如此。王家卫导演就非常喜欢斜下45°带前景拍摄人物，这样拍出来的人物很有故事感。

斜下45°拍摄人物具有故事感

6. 调动

在旅行过程中，由于周围环境复杂，往往会有很多人流，此时很多人可能会有些放不开。作为摄影师，最基本的能力就是尽可能地调动人物的能动性。

站这儿还是站那儿、姿势是否僵硬、表情是否自然、情绪是否饱满，等等这些，都需要你去调动，这里给大家一个口诀："不经意的刻意，摆拍中有抓拍。"

7. 多拍特写镜头

特写镜头可以让你和被摄人物离得很近，方便沟通，并且用镜头讲故事。一个眼神，一个手势，一缕飘逸的头发，都可以给画面增加不一样的情绪。所以，我建议新手在旅拍过程中，可以多拍特写镜头。先离人物近一点儿，然后慢慢后退，从特写慢慢过渡到半身再到全身，在退的过程中，可以说一些调动人的话，例如，头看向侧面，闭上眼；微笑，好，很好……多说一些鼓励和反馈的话，这样你会发现，人物会慢慢变得自信，也会更放得开。

摄影师要学会调动被摄人物

拍特写镜头也可以利用道具。例如手拿一杯奶茶、一把雨伞、一片树叶，也可以借助一些小工具，例如手持风扇，制造风吹头发的效果，这种方法在侧面拍摄的时候尤为适用。

道具可以任由摄影师发挥

“低头，伸下巴，笑。”这是一句非常好用的口诀，在拍摄前，只要你对其说出这三个词，基本上就可以拍出满意的视频或照片。

8. 人物构图

掌握好人物和风景在画面中的占比和空间，可以让整个画面看起来更加协调。

首先是人物小占比的构图。人物小占比指的是人物在画面中占比较小的空间。人物在风景中起到的是点缀、润色的作用，要突出环境。此时，可以把人物放在中间或者黄金分割点上。同时注意不要运镜，手持固定镜头拍摄才是最佳方案。

人物小占比构图

然后就是人物中等占比构图，相当于中景构图，人物主体需要突出。拍摄时建议把人物放在画面正中间，这样更能凸显人物的状态，再稍微推一点儿镜头，人物的形象是不是就更丰满了?

人物中等占比构图

最后就是人物大占比构图，但这种构图很难展示环境。如果只需要突出人物，操作和中等占比构图类似。但如果需要突出环境，就需要运镜来帮忙。例如，一开始拍摄远处的风景，然后后拉或者平移带入人物，这样就能把人物和风景都交代清楚。

人物大占比构图

5.3.5 拍出美食质感

旅途中，很多特色美食不仅好吃，色泽也很好，很适合拍摄。从运动镜头到固定镜头，全方位展示当地特色美食也是为旅拍 Vlog 丰富内容的重要手段。在旅拍过程中，往往只能拍到美食最终呈现的状态，这样的素材很普遍，没有什么特别的地方。所以，我建议在旅拍中拍摄美食，尽可能去多拍一些美食的制作过程。

1. 拍摄制作过程

例如，旅拍大神 Brandon li 和 Sam Kolder 拍摄的美食 Vlog，很多都是从美食的制作开始拍摄的，镜头切换得很快，制作过程拍得也很有节奏感，这样的镜头在视频中很出彩。

制作过程让观众更感兴趣

2. 拍摄呈现方式

除了拍摄美食的制作过程，对于美食成品的呈现方式，也同样可以利用景别的递进来呈现，必要时，用补光灯补光会让美食的效果更加凸显。

使呈现方式更加诱人

3. 拍摄吃的状态

美食看起来那么诱人，观众一定想看看你在视频中品尝美食时的表情。所以，在品尝的时候，要记得抓拍人物的面部表情，这样就能够以成组镜头的形式去表现美食的环节。

吃的状态更加真实

5.4 旅行素材的后期剪辑

旅拍视频的剪辑，要按照事先确定的主题风格来确定整个剪辑的风格和节奏，是叙事性的Vlog、MV 类型的短片、小清新带文案的短片，还是一个快节奏混剪短片，这些主题风格直接影响视频剪辑的方向和方法。

剪辑

5.4.1 旅拍 Vlog 的剪辑技巧

通常的剪辑方式和知识可以查看上一章的内容，这里只介绍旅拍 Vlog 的一些常用剪辑技巧，学会这些技巧，可以为你的旅拍 Vlog 锦上添花。

1. 制作片头

一个让观众能看下去的旅拍 Vlog 片头，要么就是视频中浓缩所有精华的炫酷快剪，要么就是这个视频故事中有悬念的镜头，要么就是创作者的一段文字感悟配上与之相对应的画面，这三种片头都可以吸引观众继续看下去。

（1）炫酷快剪。

制作炫酷开头的代表人物是旅拍大神 Sam Kolder，他的旅拍作品片头的剪辑往往是以非常炫酷的镜头，加上意想不到的剪辑方式来呈现的。这种思路我们能够从中学到两点。一是把整个 Vlog 中最美、最炫的镜头放到最前，然后通过不同的剪辑手法呈现出来；二是配以合适的音效来烘托片头的情绪。

Sam Kolder的片头炫酷且经典

（2）悬念镜头。

“俊晖 JAN”制作的 Vlog 开头，往往都会有一个巧妙的悬念，带给观众一个引子，很有观看下去的欲望，很想知道悬念的谜底是什么。例如，一个奇特的道具、一次意外等。

“俊晖JAN”的Vlog开头往往都是一个悬念

（3）感悟抒情。

很多人在做年度 Vlog 或者总结 Vlog 时，喜欢写一些抒发感情的回顾文案，并放在 Vlog 的开头，然后配上与之对应的画面和背景音乐，用来烘托情绪。不过这种片头适合做了一段时间 Vlog 且有一定粉丝基础的创作者，新手一开始做旅拍 Vlog 尽量不要采用这种方法。

2. Aroll 与 Broll 交替

对着镜头说话的环节（Aroll）和与之搭配的空镜（Broll）要交替出现，这样可以丰富 Aroll 的内容，同时也起到了解释 Aroll 的作用。这是一个很好的剪辑技巧，但要求我们前期就有这样的拍摄思维，多拍与 Aroll 相对应的 Broll。

Aroll与Broll交替是“俊晖JAN”制作Vlog的一大特色

3. 在不同地方口述

对着镜头说话的环节（Aroll）可以在不同的地方叙述，在同一个地方一直说，观众会产生视觉疲劳。“俊晖 JAN”有很多 Vlog 的 Aroll 是说一句话换一个地方或者角度，这样也能够让 Aroll 显得不那么干涩。

变换角度让视频更加丰富

4. 配合适的文案

不同的场景、不同的情绪，配与之相应的文案，这需要把旅拍 Vlog 的有些感受抒发出来，不需要华丽的文笔，写一写感受，后期配音，再加上合适的背景音乐，从而烘托 Vlog 的氛围。

类似下文的文案，配上旅途中的风景，情绪的渲染就会很到位。

我去过很多地方，住过好多房子，睡过各种床，我想，这一切都是暂时的。所以，我从不曾畏惧生活的改变与动荡。

车和车总是撞，人和人总是让。希望有一天，可以仅为了"我喜欢"这三个字去做事。

当然，上文只是举一个简单的例子，更重要的是需要用自己的感受去输出这样的文案。

5. 配合适的背景音乐和音效

Vlog 的背景音乐是重中之重，当你把素材都按照上面所说的整理好之后，在 Aroll 或者 Broll 部分添加合适的背景音乐是决定质感的重要因素。使用背景音乐需要不断地积累经验，积累属于自己的音乐库。

6. 添加合适的表情文字符号

让 Vlog 有综艺感，也是新手必备的剪辑技巧。Vlog 中有趣的故事需要合适的综艺感剪辑技巧让故事更有"网感"，例如放大的表情、滑稽的音效，慢放、倒放或者重复播放某一段情节，这都是可以让 Vlog 更有趣的方法。

娱乐节目的搞笑元素

5.4.2 旅拍 Vlog 的剪辑流程

除了以上特殊的剪辑技巧，大家还要掌握一些基础的旅拍 Vlog 剪辑技术，再辅以上面锦上添花的技巧。

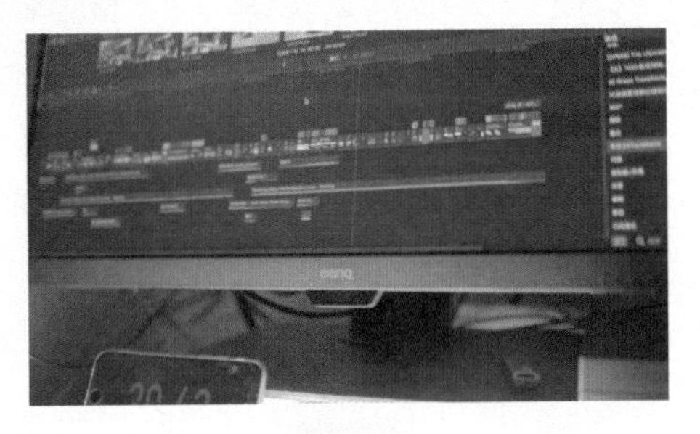

剪辑技巧

旅拍 Vlog 的剪辑流程为整理素材→确定背景音乐→粗剪→精剪→包装→调色→字幕。

1. 整理素材

旅拍在外，整理素材必定要使用笔记本电脑，而海量的旅拍素材往往需要一块外置固态移动硬盘，此时，一块读取速度够快的硬盘就显得很重要，否则耽误的时间和影响的心情是旅途中比较烦心的事情。

无论是按照时间、地点、人物还是情节为依据，都有自己习惯的整理方式，但无论如何一定要整理，素材随着目的地的增多会越来越多，人的记忆力也不会非常可靠，因此，随拍随整理是旅拍 Vlog 剪辑最重要的工作。

2. 确定背景音乐

无论你按照旅行时间线剪辑，还是地点线剪辑，背景音乐都是整部视频的"灵魂"，既然是"灵魂"，那么就要在视频的最开始注入。因此，平时就要多听音乐多积累素材，确定了视频的背景音乐，就不要轻易调换，否则会给剪辑带来很大的麻烦。

3. 粗剪

确定好背景音乐后，就可以开始顺片粗剪了，按照时间还是地点主要依据个人喜好。粗剪的过程就像拿了一把大剪刀，对树枝的粗枝烂叶进行大体修整，把明显多余的镜头和无效镜头删除。

4. 精剪

粗剪之后便是精剪，精剪就好比拿着手术刀，对整个视频的逻辑、景别、颜色等进行精细调整。无论是粗剪还是精剪，其实都是在做“减法”的过程，很多新手刚开始做旅拍剪辑，很多素材都舍不得删除，导致整部Vlog就是一个素材的堆积，毫无故事逻辑性可言，为了避免出现这样的错误，就要学会做“减法”。

“减法”就是根据视频主题和背景音乐的风格，删除多余的镜头、缩短镜头时长。

5. 包装

包装视频是在完成精剪之后进行的工作。如果你对精剪后的视频比较满意，各个方面和背景音乐的匹配程度也较好，那就可以开始包装视频了。包装视频包括增加片头片尾、转场、特效、旁白等。

6. 调色

视频相关的调色方法可以回看本书第4章的内容，这里想要强调的是，旅拍类的Vlog调色一定要按照被拍摄地的风景、人文、感觉来调色，这样才能够更契合视频想要表达的内容和感觉。

例如，一段故宫之旅的Vlog，你配了一个古巴风格的滤镜，既不能体现故宫庄严宏伟的感觉，也会使整个画面色彩失去味道。而一段小清新的日系旅拍Vlog，你却配了一个浓厚的欧美风滤镜，使小清新的感觉大打折扣，反倒增添了压抑感。

所以，要想改善视频的色彩，就要多去发现并提高自己对于色彩与情绪方面的感知能力，多去看优秀的电影在表达情绪的时候都在使用什么样的色彩，这是一个日积月累的过程，不要操之过急。

7. 字幕

字幕设计很大程度上会影响视频的质感和观感。一个优秀的开头字幕设计也会很吸引眼球，引导观众继续看下去。

下面这些Vlog创作者优秀的开头字幕设计，是不是给人眼前一亮的感觉呢？

“俊晖JAN”Vlog的字幕设计

Sam Kolder的字幕设计

字幕设计可以参考一些优秀的案例，当然，剪映上也有许多适合旅拍Vlog的字幕模板，可以拿来直接套用，输入相关文字即可。

如何设计字幕来增加Vlog的高级感呢？我们都知道，不同的Vlog内容和风格，适用的字体都不一样，我们常用的中文字体一般有宋体、楷体、黑体。宋体横细竖粗，棱角分明，平直整洁，适合纪实或者风格比较硬朗的Vlog使用；楷书是书法体，洒脱飘逸，大楷适合庄严、古朴、气势雄厚的建筑景观或复古风格 Vlog。如“俊晖 JAN”的 Vlog 的字体就是比较特别的楷书，有自己独特的风格。小楷比较抒情，适合慢节奏的山水风光或者小清新的感觉。当然，小清新的 Vlog 还可以用钢笔手写字体，纤细清秀，个人回顾、个人写真等情感类 Vlog 都很适合；黑体中规中矩，最百搭，无论是口播类还是日常 Vlog 对话的配字，都可以用黑体。

宋体：读书，旅行，给自己一段柔软的时光
方正悠宋体：读书，旅行，给自己一段柔软的时光
长安旧巷宋体：读书，旅行，给自己一段柔软的时光

楷体：读书，旅行，给自己一段柔软的时光
夏岚楷体：读书，旅行，给自己一段柔软的时光
旧木秋山楷体：读书，旅行，给自己一段柔软的时光

黑体：读书，旅行，给自己一段柔软的时光
华康黑体：读书，旅行，给自己一段柔软的时光
兰米黑体：读书，旅行，给自己一段柔软的时光

各种字体的适用场景和感觉不一样

英文字体可以分为衬线体和无衬线体。衬线体的笔画末端有装饰线，增添了一份优雅的感觉，适合复古、时尚或者小清新的 Vlog。

无衬线体的笔画末端无装饰线，整洁干净，比较适合冷色调或者渲染情绪的时候使用。

有衬线：Read, travel, give yourself a soft time
无衬线：Read, travel, give yourself a soft time

英文字体的两种形式

但字体终归只是一种表达方式，切忌用你以为很有设计感的别具一格的花里胡哨的字体，那样的效果会适得其反。

注意有些字体如果未购买商用版权是不能用于商业用途的，思源黑体和思源宋体经典耐看而且免费，可以随便使用。

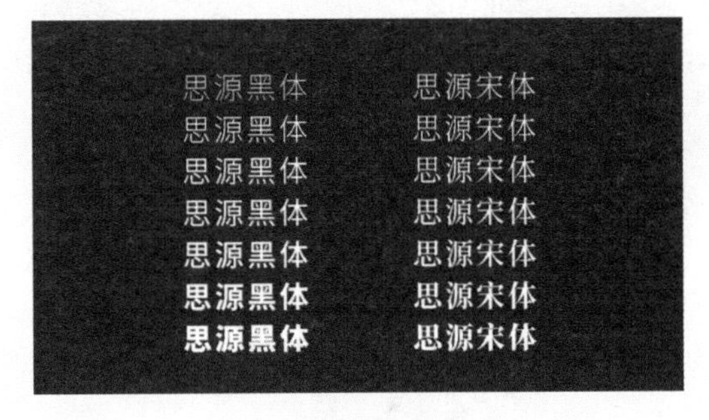

思源字体简单易用且免费

每一条 Vlog 都是写给自己未来的一封信，每一封都充满了你对生活的仪式感，让我们尽情地拍好属于自己的旅拍 Vlog 吧！

第6章 美味生活
——烹调美食怎么记录

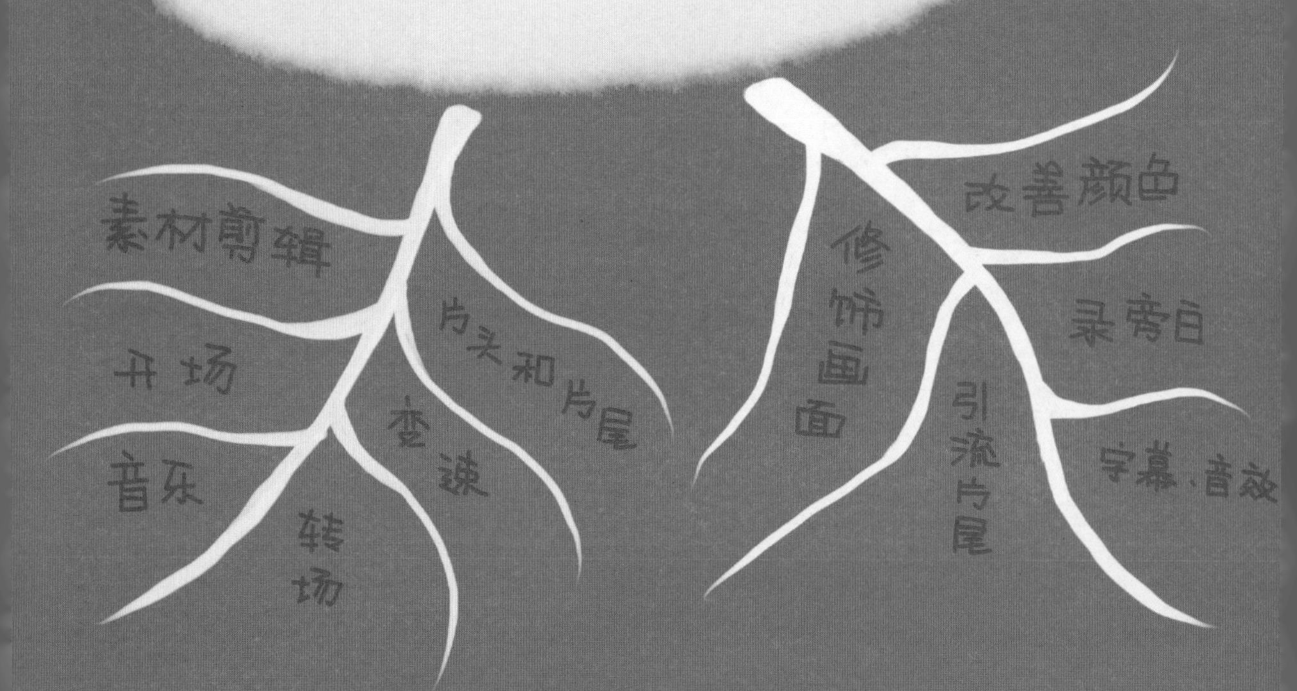

俗话说“民以食为天”，中国人喜欢吃也讲究吃，所以美食是一个比较经典的项目，而且永远不过时。根据艾媒咨询数据显示，观众对各个类型的视频的偏好都有所上升，其中，美食、运动健身和宠物类增加较多，观看轻松幽默的、烹饪类的短视频是用户首选的消遣方式。

美食Vlog

中华美食菜系众多，各菜系间融合碰撞又能创造出新的口味，每个中国人都是下厨的潜力股，那么，既然美食主题是最火的话题之一，自然也成为新手刚开始着手拍摄 Vlog 的好主题。

6.1 前期拍摄准备

我们在创作拍摄自己的第一个 Vlog 视频之前，一定要先学会“看”，这是一件很重要的事，当我们决定拍摄美食类的 Vlog 的那一刻，脑海中一定有很多的想法，例如，我会做一道四川美食“回锅肉”，可我该怎么去拍呢?

色香味俱全的美食

是不是脑海中有一堆想法，却完全不知道该从何入手，所以，我们第一步肯定是先去看别人是怎么拍的，那些拍美食拍出了爆款的人，他们有哪些出彩的地方值得学习，我们可以先试着模仿他们的高光时刻。

而且，当你看多了这些美食视频之后，你脑海中原本的想法就会汇集成河流，进而滋生更多的想法和灵感，说不定，你还能拍出更独特、新奇的视频呢。

6.1.1 确定拍摄食材

当我们确定了拍摄的主题为美食后，就先来尝试着拍一条制作美食的视频吧。第一步就要确定拍摄所需的食材，在确定食材这一步，有几个关键点需要注意。

1. 先从自己擅长、拿手的菜系着手做起

尽管你可能是一位烹饪大师，但当镜头聚焦在你的手上，头顶又有光环环绕（补光灯）的时候，你难免会如同参加一场烹饪大赛一样的紧张。

听说过发挥失常吧，对，在镜头下，你很可能发挥失常。所以，先从那种即使紧张也不会做错的美食拍起吧。

2. 食材的选择尽可能新鲜、美观

记得我刚开始拍视频的时候，正值圣诞节，看到很多人拍摄一款由草莓制作的雪人糖葫芦，一时心血来潮，也凑个热闹拍摄了一段，但因为家里刚好有吃剩下的草莓，就懒得出门重新挑选。视频拍完后，才觉得我所选择的草莓看上去大小不一、形状各异，这就导致做出来的糖葫芦摆在一起东倒西歪，很影响整体的观感。

当手中的美食被呈现在视频中时，观众感受这道菜很好吃的途径只能是看，所以，这道菜好不好吃，有没有食欲，完全通过观众的眼睛来判定。毕竟，短视频是一种视觉艺术，所以，在选择食材上，应该尽量去挑选形状、颜色都优质的蔬菜或水果。

3. 建立自己的美食素材库

确定了要拿什么食材来拍摄，食材也选好了，但不知道从何下手，此时就需要用到美食素材库，美食素材库需要我们自己去填充，去完善。

例如，今天你拍的是一道经典川菜“回锅肉”，那么，你就可以在几大平台上搜索“回锅肉的做法”，去看看别人都是怎么拍的，我们以抖音平台为例，为大家演示具体的操作步骤。

01 打开抖音 App，进入“推荐”界面，然后单击右上角的“搜索”按钮。

抖音推荐界面

02 进入“搜索”界面，在文本框中输入搜索关键字，例如“回锅肉”。

抖音搜索功能

03 此时界面上会出现许多关于回锅肉做法的相关视频，单击进入视频，即可观看学习。

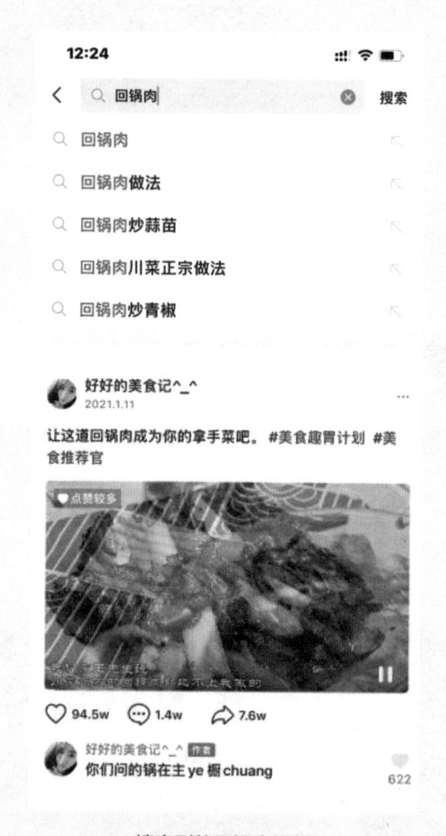

搜索到的回锅肉视频

你还可以去更多的平台搜索“回锅肉”的做法，每个平台的风格不同，拍摄手法也会略有差别，多看多比较，会让你的想法更多元化。

就以川菜“回锅肉”为例，一个地方美食居然有多种不同的做法，有用蒜苗来炒制，有用青椒来炒制，有的加豆瓣酱，有的不加豆瓣酱……

这就跟我们拍摄手法一样，同样一道菜，我们也可以拍出不同的感觉，所以，一定要多看，把这些好的视频保存到你的美食素材库中，需要时，找出来拉片分析一番，然后加入自己的想法列出一份拍摄脚本。这样，随着你建立的美食素材库越来越丰富，你掌握的拍摄手法也会越来越多样。

6.1.2 布置场景及道具

买来了拍摄的食材，也列好了食谱，甚至还写好了详尽的拍摄脚本，那么接下来要做的就是打造一个“豪华”的展示场景，没有一个好的“战场”，就无法将自己的拿手绝活发挥到极致。

但这里所说的“豪华”可不是“奢侈”，我们搭建拍摄场景时，不是必须要买高档家具、配置昂贵的锅碗瓢盆。我之前就说过，Vlog 说到底是视觉的艺术，道具在视频中的价值体现在“视觉”方面，而不是“触感”方面。

也就是说，你没必要为了拍 Vlog，去买一套青花瓷碗碟（除非你刚好有），也不必非要给自己的厨房配一套“双立人”厨具。有时候，一款价格亲民，甚至叫不出品牌名的小白锅都会有出人意料的上镜效果。

“秋拾”拍摄的Vlog视频截图

接下来，说说如何布置拍摄的场景。首先，你拍摄的大环境的风格要统一。

我们在看别人拍摄的视频时会发现，有些美食博主是在厨房里拍摄的，但有些美食博主会选择在餐边柜附近进行拍摄，甚至还有的博主会选择在落地玻璃窗前进行拍摄。

拍摄场景的布置决定着整个视频的调性，场景的选择暗示着你想要突出的风格。例如，如果你选择贴有白色瓷砖或者白色墙面的房间，恰好又搭配了原木色的桌柜或原木色的置物板，那么你突出的就是清爽自然的日系风格。

日系风格

如果你选择深色或带花纹的墙体，又搭配了深色的桌柜，墙上挂满了锅铲，柜子里摆放着许多的碗碟，那么你想要突出的就是美式复古风格。

美式风格

小川建议：一定要给自己的视频确定一个拍摄的大环境，这样才能用一个相对比较固定的视觉感受被观众熟知并记住，下一次，一刷到这样的环境，就能想到你的账号，这样就达到了比较好的效果。

其次，保证拍摄环境光线充足、拍摄角度多样化。

光线对于视频的质感影响非常大，所以，同样的美食视频，为什么别人拍出来看上去那么有食欲，而自己拍摄的连自己看了都不想吃，跟光线控制有很大关系。

控制好光线

如果我们选择在厨房里进行拍摄，而你家的厨房恰巧没有窗户，此时，我们就需要放置补光灯才能进行拍摄。

除了保证光线充足，我们还要有足够的空间，让拍摄更多元化，也就是能从不同角度进行拍摄。如果你的厨房非常狭小，当你在里面进行操作的时候，经常会碰触到摄影器材，那么，你可能就需要重新物色一个合适的拍摄场景了。

最后，简单的东西才不会生厌。初次拍摄 Vlog 的人最容易犯贪心的毛病，家里厨房有很多高颜值的厨具、家电，第一次拍摄时，总想把这些东西都放进画面中，这样的想法就会导致一大堆东西堆在桌面上，视频画面过于复杂、凌乱，缺乏一个明确的主题。

乱七八糟的餐桌

其实，简单的东西才不会令人生厌，如果你的厨房布置偏美式风格，桌面摆放的餐具本身就比较多，那么，在拍摄的时候，就要选择合适的角度，让这些物品适度出镜。在背景已经很复杂的情况下，尽量用单一色调的餐具，这样才不会令画面颜色过多，失去简洁感。在杂乱的环境中做出的食物，必定会令人食欲大减。

乱七八糟的厨房台面

除了场景布置要简洁，还可以利用中近景拍摄，进一步凸显手中正在制作的食物，然后再采用浅景深的拍摄手法将背景全部虚化，这样也可以达到让画面主体突出、主题明确的效果。

搭建好适合拍摄的场景后，就要为场景“画龙点睛”了。其实，道具就是最佳的点睛之笔，有很多人会忽视道具在 Vlog 中的影响力，觉得只要自己制作的美食足够诱人就可以了，殊不知，细节往往决定成败。

在 Vlog 中，道具一般有两个用途。其一，道具起装饰作用；其二，道具具有实用性。

美食 Vlog 中比较常见的道具有锅碗瓢盆、桌椅板凳、墙上的字画、桌上的桌布、绿植鲜花等。

整齐的桌面

提升美感的道具

高颜值厨具

道具有的起装饰作用，有的具有实用性，无论它们以什么形式存在，都将成为观众区分你和其他博主的重要依据。例如，在抖音平台上有一位拥有千万粉丝的博主“贫穷料理”，他每一期视频的中间位置或结尾处都会出现一把扇子，扇子上写着“按时吃饭”四个大字，这个看似毫无价值的小道具，却成了他独特的个人标志。

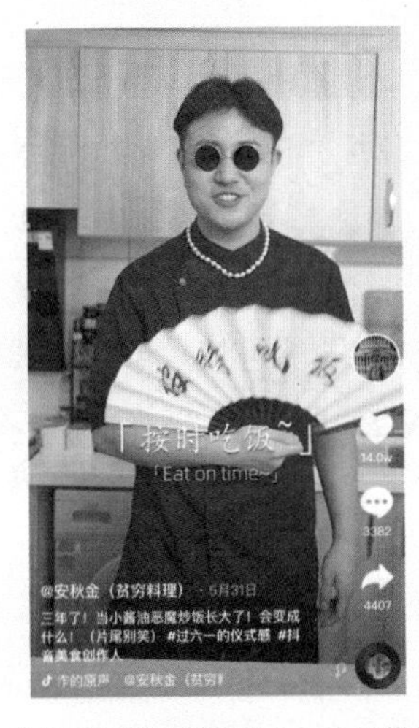

“贫穷料理”拍摄的Vlog视频截图

再如，有一位日本人气博主，她家的厨房墙壁上挂着一个大尺寸的数字装饰画，她每次拍视频就会站在这里，画面中巨大的数字 2 成了她的代名词。

日本人气博主的厨房墙面的数字装饰画

除了这些只起装饰作用的道具，我们在拍摄的时候还会用到很多既吸人眼球的道具，又对拍摄起实际作用的物件，例如，刚刚提到的绿植、鲜花，高颜值的烹饪锅具。

绿植和鲜花既能作为装饰物摆在桌台上，还能在拍摄时充当前景。

鲜花摆件

小川建议：这些有重要作用的道具一定不要摆在妨碍你操作的地方，如果为了凸显道具，忽略了操作的便利性就得不偿失了。

前景是最不用花钱购买的道具，在拍摄时加入前景，就能立刻增加画面的层次感，如果你的操作台上摆着鲜花，你就可以借助它作为前景，以花为前景，效果相当不错。

高颜值的烹饪锅具不仅可以充当背景装饰，提升整个画面的颜值，也可以烹饪美食。当观众看到画面中的你正在用高颜值的锅具烹饪食物的那一刻，几乎会同时在脑海中形成一种暗示——做出来食物一定很好吃。这些观众甚至会跑去买一口跟你一模一样的锅来烹饪食物，此时的你，已经成功地在他们心中种下了一颗“信任”的小种子。

最后，分享给大家几个小技巧，美食类 Vlog 一般会在拍摄完整个制作过程之后，进行食物成品的展示，此时，就会涉及一些布置、摆盘等相关的小技巧。

首先，参考餐厅或杂志上的图片来为你的食物摆盘。为食物摆盘时，想要给观众留下深刻的印象，进而想要持续关注你，那么，就要在一些看似不重要的小细节上下功夫。我们需要把摆盘这件小事做到极致，我通常会参考去过的餐厅，或者买杂志来收集杂志上的图片，因为我觉得摆盘是一门深奥的学问，例如，食物的色彩搭配、在器皿中所占的比例等，这些都有讲究。所以，平时一定要注意收集有创意且美观的图片。

日式风格摆盘

其次，在平稳的色调中，穿插明亮的颜色。如果整个场景中的家具以原木色或灰白色为主，那么你可以特意在其中搭配一抹明亮的颜色。例如，很多博主会用一款来自韩国的卡式炉为稍显沉闷的环境加入活力。刚开始你可能会有疑惑，在家里烹饪食物，为什么不用燃气炉，而是选择一款原本是户外才会使用的卡式炉呢？这就不得不说，拍视频毕竟不是过日子，拍出来好看才是王道，所以，尽管这款卡式炉煮一包方便面都要费掉一罐气，但博主们还是争相使用。

“秋拾”拍摄的Vlog视频截图

卡式炉那抹明亮的黄色，一搬上桌子就已经治愈了大部分观众，在抖音平台上，有位名叫“晚安阿紫”的博主，她家的环境以原木色为主，但她使用的小物件多以紫色为主，神秘的紫色为整个视频增色不少，这也让她俘获了一大批粉丝，成为治愈系博主中的佼佼者。

"晚安阿紫"拍摄的Vlog

6.2 丰富视频画面的技巧

布置好场景，也搭配好合适的道具之后，就要把全部的心思花在拍摄上了，我们要尽可能地让拍出来的视频既能抓人眼球，也能传递一种对生活的态度，让观众期待能和你"并肩同行"。

6.2.1 根据音乐安排拍摄内容

很多人会犹豫，到底是先选好音乐再拍摄，还是先拍摄，再去根据拍摄好的内容添加匹配的音乐呢？

这个其实因人而异，不过我的建议是，如果你没有特别好的拍摄思路，可以尝试先选音乐，再根据音乐的快慢节奏来安排拍摄的内容，这样，说不定音乐还能让你获得意想不到的灵感。

如果要先选择背景音乐，再来安排拍摄内容，背景音乐到底该如何选择呢？

1. 先搜索最近的热门音乐

这是一个比较讨巧的做法，为什么说它讨巧呢？因为如果你选择了热门音乐，恰好又赶上视频拍摄的质量相当不错，说不定会让你的作品成为爆款。这也就是所谓的"蹭热度"，一段背景音乐就能让你的作品成爆款，是不是很划算呢？

抖音音乐热搜榜

2. 建立自己的美食背景音乐库

建立资料库我提过不止一次了，为什么总强调建立资料库这件事呢？是因为很多素材，无论是

照片、视频还是音乐，都不可能在你需要的时候突然出现在你面前，而是需要日积月累地去观察、发现它们。

在拍摄 Vlog 前，你通常会去搜索与你拍摄相同题材的优质博主，你会去看他们拍摄的视频，那么他们的视频用的是什么风格的背景音乐呢?

你可以通过“听歌识曲”功能把这些博主视频中用到的音乐找出来，然后，再通过音乐 App 去识别相同风格的音乐，把这些音乐添加到自己的音乐库中。

有些博主会在网易云音乐等音乐 App 中建立自己的曲库，此时，你只需要输入博主的曲库名，就可以获得他日积月累下来的一些好听好用的音乐了。

3. 平时多收集好听的音效

除了背景音乐，美食 Vlog 中怎么能少了各种音效呢? 其实，在视频剪辑软件（如剪映）中就有许多音效供你使用。除了这些音效，你还可以自己去收集一些。甚至如果你有好的收音设备，可以尝试着录制一些烹饪美食的声音，例如切菜声、倒水声、咀嚼食物的声音等。

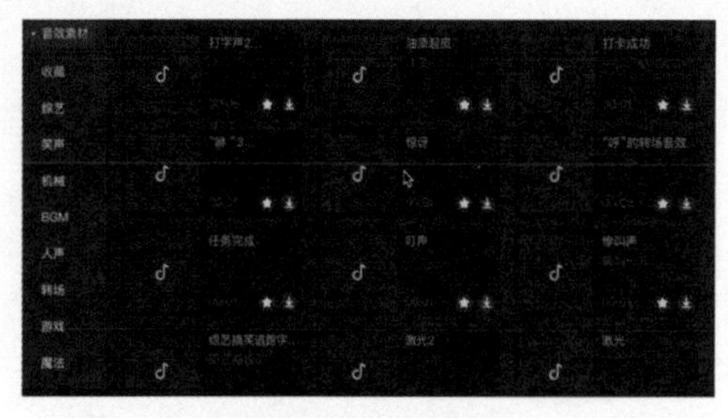

抖音庞大的音效库

总之，好的背景音乐和音效可以为你的视频注入灵魂，千万不要小看它们的作用。

选择好音乐后，我们就可以根据音乐的风格和节奏来安排所需拍摄的视频内容了，例如，这段背景音乐中有一段快节奏的曲调，那么，我们就可以在拍摄中设置一段与之匹配的炫酷镜头，如果背景音乐的鼓点比较清晰，我们就可以拍摄一段适合卡点的视频。

总之，事先选好音乐能让你的拍摄更具针对性，能让拍摄的画面更好地与音乐契合。

但如果你在拍摄前对整体的拍摄思路和拍摄方法有很清晰的思路，那么，就不需要先选择音乐了。先安排拍摄内容，然后去匹配风格统一的背景音乐即可。

6.2.2 简单布景，拍摄几秒概念空镜

为了让所拍摄的视频看上去更生动，我们还需要在拍摄时特意拍一些空镜，那么，什么是空镜呢?

“秋拾”拍摄的Vlog视频截图

空镜，也称为“场景镜头”，没有特定的人物，只是拍摄风景或没有人的建筑物，是拍摄的技巧之一，经常用来介绍环境背景、交代时间、表达人物的情感、宣传故事、表达创作者的态度。

唯美的空镜

对于美食 Vlog 来说，空镜就是除了烹饪美食的制作过程，我们要去补充的一些没有人物、没有动作的场景镜头。例如，可以拍一个好看的杯子放在桌子上的镜头，还可以搭建一个简单的场景，摆放一些绿植鲜花作为点缀，并且以绿植或鲜花为前景，拍摄刚才烹饪时的那个场景。

鲜花前景

这样做的好处是，观众除了看到近距离的烹饪画面，还看到了你烹饪时所处的环境，既交代了大环境，又让视频更具有“烟火气”，画面不会显得那么单调。

空镜还能增加画面的情感效应。“一切景语皆情语”，环境是人物内心感情变化的外化物，人的情感可以在环境内蔓延伸展，并与观众的情感契合进而产生共鸣。空镜是一种以画面语言为主、有声语言为辅的艺术形态。

空镜在表现过去的事件时，具有突破时空的表现力。在一些反映老一辈革命家战斗生活的影片中，经常会看到朱德的扁担、红军长征时用过的破旧粮袋，以及周恩来住过的窑洞等空镜，很自然地产生一种客观实证的效果，有很高的可信度。

朱德的扁担和故居

所以，我们在拍摄美食 Vlog 时，让画面中出现一个竹篮，杯架上挂着不同款式的咖啡壶，这些都能自然地产生一种拉近与观众距离的效果，让观众身临其境，仿佛就站在你家厨房门口正看着你烹饪美食。

厨房中精致的挂件

空镜应该怎么拍呢？空镜有几个作用，从作用出发，你就知道怎么去拍空镜了。

1. 交代时间和空间

短视频就是用画面讲故事，所以你拍的时候首先要想说些什么？

如果你一开始就讲做早餐。一个人独居的早晨，准备给自己做一份营养丰富的早餐……那么第一个画面可以拍家里的钟表，交代时间，然后再拍厨房，交代地点，这个空镜就是干这个用的。

“一只ASKA”拍摄的视频截图

干净明亮的厨房

2. 衔接过渡

当你做三明治时，先要取出面包片，切好面包片里需要加进去的火腿、各类蔬菜和水果，这都是食材准备阶段，那么作为开火把食材放进锅里的衔接，就需要拍摄空镜过渡。

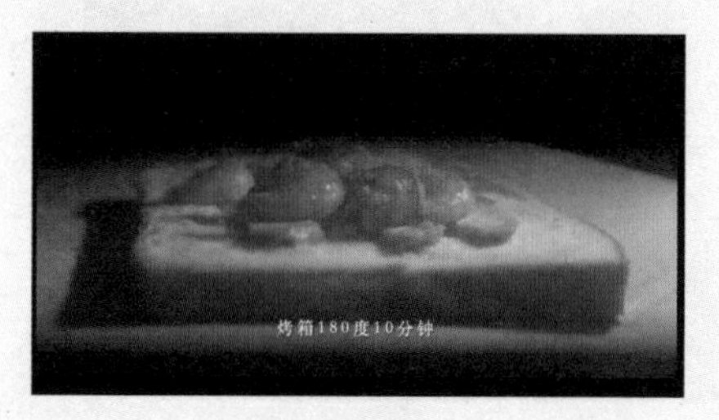

烹饪中的美食

我们可以用三个画面来交代，第一个画面是切食材，每一种分别切好，然后，给切好的食材一个特写；第二个画面，给燃气灶上放着的平底锅一个特写；第三个画面是打开燃气灶，这样一系列空镜的衔接，观众一看就知道，这是要把切好的食材放进锅里烹饪了。

3. 表达意境和情绪

例如，一个把家里布置得格外温馨的独居女孩，她早上起床后，拉开窗帘，外面的阳光一下子洒了进来，她伸伸懒腰，准备走去厨房做早餐。这一系列的空镜就表达一种意境，就是一个独居的女孩也可以把生活过得很温馨、很美好，这样的镜头是不需要任何旁白的，本身就可以表达一种情绪和感觉，观众也会被她的这种精致的生活所治愈。

空镜一般拍多少合适呢？

空镜如果是为两个镜头之间的切换而拍的，那么它最好不要持续过长时间，1~2 秒即可，否则就会影响整个 Vlog 的节奏。

但如果是为了抒发人物的情绪，表达一种态度，或者为了突出制作好的美食成品，那么就可以适当延长一些。不过，要时刻记住空镜只是起辅助和衔接作用的，千万不要“本末倒置”。

6.2.3 人物入镜，呈现自然生活氛围

如下视频中，创作者会在自家的小院里做一些美食，在拍摄美食的同时，也会让自己出现在镜头中，这样的视频会无形中拉近她和观众之间的距离，为观众呈现自然的生活氛围。

李子柒的视频截图

我们在拍摄美食 Vlog 时，也可以模仿前面创作者的拍摄风格，但有些人说：“我就是不想出镜。”或者有些人觉得自己形象不够出众，那么我们可以利用拍摄的技巧，让自己的优点被展示出来，从而合理掩盖自己的缺点。

1. 只展现好看的侧脸或半身

在生活中，很多人照镜子时会发现自己侧脸似乎比正脸更好看，其实这并不是因为镜面反射而使人产生的错觉，而是因为多数东方人的面部轮廓不明显，而侧面恰好可以弥补这个缺点。如果拍摄对象面向一侧，只露出侧脸，就可以提升面部的立体感，让整个面部轮廓更清晰。

侧脸

那么，我们怎么知道自己或者拍摄的模特哪一侧的面部比较上镜呢？如果是拍摄自己，就需要在平时拍摄的时候多角度试拍，拍出来看看效果，你就会发现自己哪半边脸拍出来比较好看了。如果是给模特拍摄，一些专业的模特会在拍摄前就告诉你自己哪边脸比较上镜，如果模特没有事先告知，那就需要你通过试拍来确定了。找到比较上镜的那一侧脸之后，就需要多选择这一侧进行拍摄。

除了侧脸展示，我们在治愈系短视频中经常能看到一种半身出镜的方式，也就是只露出肩膀以下的部分，观众能够看到你穿的衣服，或者系着的围裙，能够看到美食此刻正经过你的双手被制作，这样不露脸的拍摄，也算人物入镜的一种特殊方式。

“自顾自少女”拍摄的视频截图

2. 借助前景，虚化人物

还有一种人物入镜的方式，就是巧妙地借助前景，让整个人物虚化，呈现一种朦胧的美。

例如，在拍摄美食 Vlog 的时候，我们在做好美食之后，可以给人物一个全景镜头，展现他坐在餐桌前享用美食的画面，此时，我们可以找到一个合适的前景，例如，绿植或鲜花、台式灯、桌椅靠背一角、小动物等。

“子晴晴呀”拍摄的视频截图

通过前景遮挡的拍摄方法，让人物呈现虚化效果，这样能起到烘托气氛的效果，可以为观众营造一种神秘的意境，既让不需要出镜的人物清晰地展现在观众面前，又达到了人物入镜增加真实感的目的。

3. 入镜人物穿搭小心思

我在对优秀作品进行拉片分析的过程中，发现这些优秀的 Vlog 创作者，不仅会在选景、构图等环节上花费心思，还会在色彩搭配以及人物穿搭上下功夫。一个 Vlog 在确定了主色调之后，就会让入镜人物穿上与色调一致的服装。

那么，我们平时应该如何增强自己的色彩搭

配能力呢?

首先要多看服装搭配类的杂志或书籍。几乎所有的成功都是刻意练习的结果，想要学会一种技术，就需要我们自己去不断地学习、练习。在拍摄短视频的过程中，我们不仅要磨炼拍摄技术，还需要增加额外的技能，从而为拍摄的视频增加质感。

平时多看服装搭配技巧类的书籍，把其中的一些经典或适合 Vlog 拍摄风格的服装图片保存下来，日积月累，你也会变成一个穿搭达人。这样做的好处有两点，第一，为你拍摄的 Vlog 加分，Vlog 是视觉的产物，一切拍出来的东西都必须满足视觉需求，所以，如果整个视频中的场景、人物服装、造型都能美观，一定能为你的视频加分。第二，增加观众与你之间的互动。我们在拍摄完 Vlog 将其传到不同平台进行展示的时候，如果你在视频中的穿着打扮引起了观众的好奇，他们会在留言区留下诸如"你的衣服在哪里购买的？""你的这条裙子好漂亮"这样的话语，这无形中增加了你与观众之间的互动，增进了你们之间的感情交流。

当然，服装选得好会为你的 Vlog 加分，但只会搭配服装，不懂色彩搭配也不行。试想，如果你搭配了一身火辣性感的衣服，但今天拍摄的主题是治愈类的美食 Vlog，再加上你选的颜色完全与今天拍摄的主色调不搭配，那么，拍出来的视频画面就会很不协调。

所以，平时除了多阅读服装搭配类的书籍，还应该买一些色彩搭配速查手册之类的书放在手边，以供随时查阅。而且，色彩速查手册对于你的前期布景也有相当大的帮助，在桌布颜色的选择、道具的搭配上都会起到至关重要的作用。

我一般会把这本《色彩力》放在手边，布置场景或安排模特服饰时进行速查。

放在手边的色彩速查手册

其次，通过拉片快速学习。我们平时利用空闲时间可以买些书籍来阅读积累，但如果想快速上手，就要采取模仿的方法。模仿最快的方式莫过于拉片，在拉片的过程中，你要先观察这些大神在拍摄布景或模特服饰搭配方面有什么特点。

例如，在旅拍博主"叶灿塘"所拍摄的《一个四季》中，就根据主色调来为模特搭配相同色调的服装，整个画面看起来非常舒服。

"叶灿塘"拍摄的《一个四季》视频截图

最后，通过赏析经典电影来提升自己的审美能力。除了看书和拉片，我们还可以借助经典的电影来提升自己的审美能力。许多经典电影的构图和色彩搭配都是非常值得我们学习的，电影是门精细化的视觉艺术，在电影画面中，人物的服装不仅要与主色调相符，还能向观众传递一定的情感，甚至还能暗示一种剧情发展方向。所以，许多编导对于人物服装的细节把控做得很细致。我们可以通过观看电影来进行日常积累，什么颜色能够反映人物什么样的性格，这些需要我们在观看过程中记录下来，并能用在我们的 Vlog 拍摄中。

6.2.4 动静结合，食物特写更加生动

拍摄美食 Vlog 的时候一定要忌多，在制作美食的过程中，厨房操作台上势必会放着很多切剩下的食材、锅铲、盆、碗等，如果拍摄一桌子的东西难免会给人一种乱糟糟的感觉，而针对一个细节进行拍摄，就能突出主题。

我们可以给食物特写镜头，特写能够充分展现这道菜品的特色与搭配，而拍摄特写时可以采用动静结合的方式，让画面更加生动。

1. 动静之中的“静”

这里的“静”并不是指完全静止的画面，而是展示洗菜、切菜、烹饪、摆盘等一系列动作的镜头。

例如，在拍摄洗菜的时候，我们可以拉近镜头，给蔬菜一个特写镜头，而此时，因为蔬菜上正好挂着水滴，会增加画面的灵动感，让绿色蔬菜看起来更新鲜、更诱人。

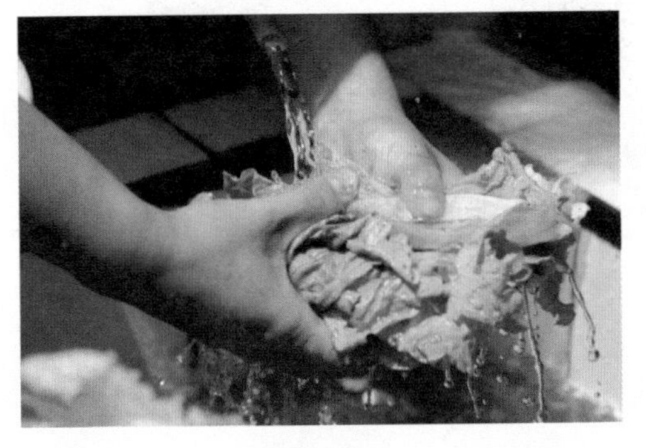

洗菜的镜头

等食物制作好后，我们可以选择俯拍的角度进行拍摄。俯拍可以细化为两种：第一种是斜向下 45° 俯拍，第二种是平面俯拍。

斜向下 45° 俯拍也就是将相机举起，与食物的水平线之间形成 45° 左右的夹角，然后拍摄食物，这种方式比较适合给比较立体或有造型感的食物拍摄，能够增强食物的立体感与画面对比。

马卡龙

而平面俯拍是将相机举起，与食物的水平线呈垂直状态进行拍摄，这种拍摄方式适合没有造型的食物，例如蛋糕、甜点，以及其他立体感不强的食物，能够充分展现食物的平面细节。

俯拍马卡龙

2. 动静之中的“动”

在拍摄的过程中，稍微动一点儿小心思，就能给画面带来不一样的效果。例如，我在拍摄圣诞节制作草莓糖葫芦串的视频中，用到了两处“动”的拍摄。

首先，在清洗草莓的时候，为了让画面更加生动有趣，我选择把草莓从上往下扔进水里，而不是直接缓缓放进去，草莓向下掉进水里的一瞬间，我透过玻璃器皿拍摄水花四溅的画面，后期再配上欢快的音乐与慢动作，效果很棒。

“秋拾”拍摄的圣诞节草莓糖葫芦视频截图

其次，在裹满糖霜的草莓上，我需要撒一些椰蓉，此时，我拍摄了一组从上往下撒的特写镜头，雪白的椰蓉纷纷扬扬落下的场面太灵动了，这些画面跟之前摆放草莓、裹糖霜的一系列“静”的动作结合在一起，让画面充满了灵动性。

“秋拾”拍摄的圣诞节甜品视频截图

6.2.5　定格拍摄，用有趣的手法呈现食材

有时候，我们会做一些童趣满满的食物，例如一些形状各异的卡通饼干、造型寿司等，此时，我们可以选择用有趣的手法来呈现它们。

1907 年，在美国维太格拉夫公司的纽约制片厂，一位无名技师发明了用摄像机一格一格地拍摄场景的“逐格拍摄法”，这种奇妙的方法很快在一些早期影片中大出风头，例如 1907 年的电影《闹鬼的旅馆》中，一把小刀在自动切香肠，仿佛被一只看不见的手操纵着。

当时的欧洲人还不了解这种动画拍摄技术，他们在惊奇之余称其为“美国活动法”。法国高蒙公司的爱米尔·科尔发现了这个秘诀后拍摄了很多动画片。其中《小浮士德》是一部首先使用能够活动关节的木偶角色逐格拍摄的木偶片，堪称定格动画的早期杰作。这就是我现在要讲的有趣的拍摄手法——定格动画。

为了增强 Vlog 的趣味性，我们可以尝试着用定格动画的方式展现我们烹饪好的食物，造型各异的饼干搭配着有趣的呈现方式，一定能给观众留下深刻的印象。

那么，定格动画是什么，又该怎么拍摄定格动画呢？

定格动画是通过逐格地拍摄对象然后使之连续放映，从而产生仿佛活了一般的人物或你能想象到的任何奇异角色。通常指的定格动画是由黏土偶、木偶或混合材料制成的角色来扮演的。这种动画形式的历史和传统意义上的手绘动画历史一样长，甚至可能更古老。

怎么拍摄定格动画呢？

首先，需要为拍摄主体搭建一个场景，定格动画的场景搭建更像是制作一个成比例缩小的沙盘，如果你觉得这样做很麻烦，那也可以将所要拍摄的食物放在干净的桌面上，背景简洁明亮即可；其次，我们要在脑海中提前设想好让这些食物来演绎一个怎样的“故事”，然后按照“故事”来拍摄食物的行动轨迹。

我之前拍过一期定格动画的视频，如下图所示。

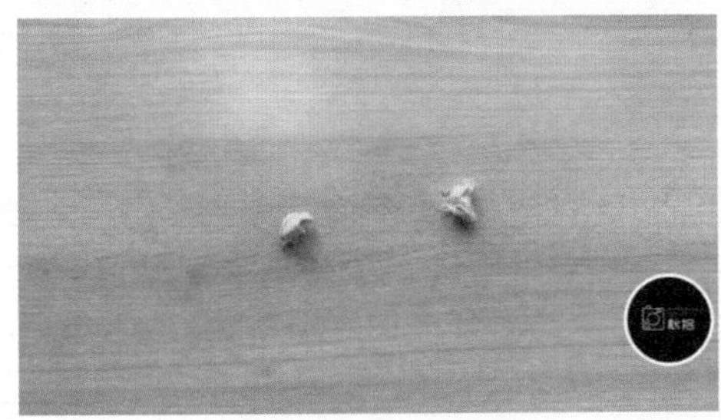
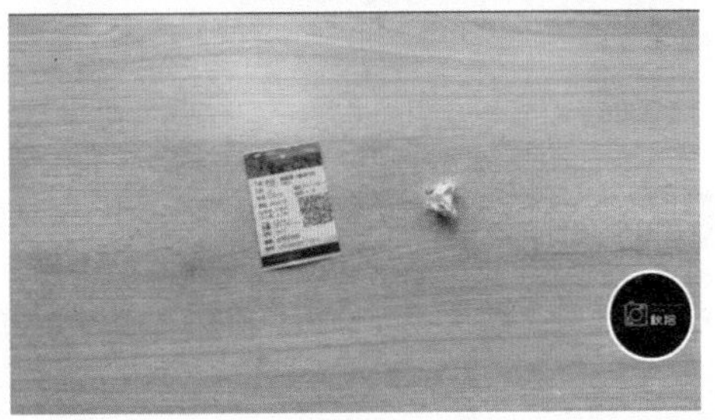

定格动画

如果你不想整个视频都用这样的方式拍摄，也可以选择使用定格动画作为视频的开头。

我们在拍摄美食的定格动画时，为了确保拍出的成片效果，需要给所拍摄的食物固定好拍摄的位置（例如，在桌子上做好标记），然后，每拍一张照片只挪动食物前进或后退，务必保证和第一张照片处在一个轴线之内，否则最后连接出的视频就会有跳切的现象，显得不连贯。

拍好后，将这些照片按照顺序（注意一定要按照拍摄的先后顺序排列）导入计算机，在软件中合并为视频。此时，需要我们调整速度，定格动画一般是“1 拍 2”（每秒 12 格）或者“1 拍 3”（每秒 8 格）就足够了。

当然，如果你觉得这样的拍摄既复杂又耗时，也可以借助软件来完成，现在有很多可以拍摄定格动画的 App 可供使用，我们只需根据 App 中的操作提示来拍照。拍摄好照片后，系统会自动为你生成一条定格动画，无须你自己去排序、调整时间，方便省时。

各种定格动画App

在电影导演的心中，定格动画是一种成本非常低，也很出效果的拍摄手法，但他们同时也会嫌弃这种拍摄手法的自由度太低。可是，对于拍摄 Vlog 的人来说，定格动画需要的只有三脚架、相机和计算机，拍摄起来简单、有趣，是常规拍摄手法之外的调剂品，可以让观众体会到不一样的感觉，让我们的

Vlog 充满童趣。

下图所示是奇趣食物创意定格动画，是不是看上去特别有意思?

创意美食定格动画

6.2.6 室内打光，营造温馨舒适的拍摄环境

摄影大师史蒂文·普莱斯菲尔德曾说过：“没有正确的照明，你无法讲述好你的故事。”

我们在拍摄视频的时候，花费了大量的时间在构思拍摄方法、拍摄角度上，然后为每一个镜头做准备，布景追求完美，模特极致出镜，可是却最容易忽视一个重要的环节，那就是布光。

光线不足时拍摄出来的镜头会呈现灰色，有明显的颗粒感，这样我们的前期准备就会功亏一篑。

现在的摄像机都有自动曝光功能，但有时自动化功能会理解错误，也就是说，自动化功能经常在错误的东西上照明。

这就要求我们在拍摄的时候，不能只依靠摄像机的自动曝光功能，这就跟我们倒车的时候不能完全依赖倒车雷达一样。

“秋拾”拍摄的补光小技巧视频截图

在拍摄视频的时候，照明不是可有可无的，而是必需的，我们应该学习布光的方法，巧妙地使用光线来帮助视频讲故事，光线会改变一个视频的基调，决定食物的拍摄效果，也直接决定了观众是否愿意仔细看你做下去。试想一下，如果有两段视频呈现在你眼前，一段是一盘暗光下拍摄的黑乎乎的盖浇饭，另一段是一盘光线充足下

拍摄的炒饭，你会选择继续看哪一段视频?

补光及颜色搭配对画面的影响

想必大多数人都会选择后者，这就是颜色对于食物的重要性，而光线决定了食物拍出来的色彩。例如，我们要拍摄唯美的画面，这就需要用到软光。

作为光的性质和形态中的一大类，软光的使用频率甚至要比硬光更高，软光又称为“柔光”，事实上就是散射光，当光源被不透光或透光度较低的物体遮挡，其光线通过另外的介质反射到其他物体上，这种照射到其他物体上的光就叫作“软光”。

这种光线不像硬光一样刺眼，所以在拍摄美食类 Vlog 的时候，一般多用软光，这是由其特性决定的。

首先，软光下拍摄的图像较为逼真。由于软光的光质柔软，被摄物体上不会出现生硬的阴影，反差适中，使画面看上去更接近平常的状态。

而我们拍摄美食 Vlog 比较注重的就是能够真实、细腻地还原食材带给人们的那种感觉，软光就能给食物带来这样的丰富感。

其次，软光不会造成大面积阴影，还能起到美化的作用。

软光是一种散射光，不具备明确的方向，所以就不会因为照射而使被摄物体产生很明显的阴影。这样我们在拍摄食物的时候就不会看到阴影，让画面更加明亮、干净。

补光后拍出的食物

我们在看一些知名博主的 Vlog 视频时会发现，他们大多数会使用软光拍摄，除了软光下的画面更加细腻，还有一个重要的原因，那就是软光可以起到美化人物形象的作用。尤其是在拍摄老人、女性的时候，软光能够淡化皱纹和面部的小瑕疵，在拍出来的画面中，人的皮肤看起来会娇嫩许多。

最后，软光能够营造一种隐隐约约、若有若无的意境。在拍摄食物的时候，我们用软光暖色调，就会提升作品的“灵气”，营造温馨、舒适的烹饪环境，在这样的环境中烹饪出的美食更加治愈心灵。

“秋拾”拍摄的美食类视频截图

6.2.7 切换机位，拍摄丰富多变的素材

大多数人在拍摄的初期，会或多或少地犯这样的错误，就是把一段素材拍摄得很长，生怕会错过什么的，而且在剪辑的时候，这些素材都舍不得删除。

这会让你的素材库显得极为庞大，但却一点儿也不丰富。其实，我们在拍摄时，每段素材越短越好，因为整个视频其实是由多个独立的镜头组成的，只要一个镜头已经交代清楚故事，就无须让它变得那么长，导致观众丧失观看的兴趣。

镜头的切换是可以吸引观众注意力的，每切换到一个新的镜头，人的大脑就会逼迫自己去想接下来要发生什么。所以，我们不要对一个角度所呈现的画面拍摄过多的镜头，可以去观察一下在大多数电影、电视节目中，很少有一个镜头会超过 20 秒，大多数镜头要远远短于这个长度，镜头越短就越能更好地留住观众。

举个例子，我们现在要拍摄妈妈给孩子做早餐的一段视频素材，搭建好了场景，也准备了相关的食材和道具，我们来简单拍一下试试看（建议每段素材都不要超过 20 秒）。

第 1 段素材（中景）

拍摄一个闹钟的镜头，用来交代时间，妈妈在周末的早晨，天还没亮就起床了。

第 2 段素材（中景）

以闹钟为前景慢慢移动镜头，朦胧中出现妈妈从卧室开门走出，并轻轻关上门的画面。

第2段素材（中景）

第 3 段素材（特写）

此时，给妈妈手中取出的食物一个特写镜头，交代早餐要做什么。

第3段素材（特写）

第 4 段素材（近景）

拍摄妈妈煎火腿肠和虾仁的画面。

第 5 段素材（特写）

变换角度，拍摄锅中火腿肠和虾仁的特写镜头。

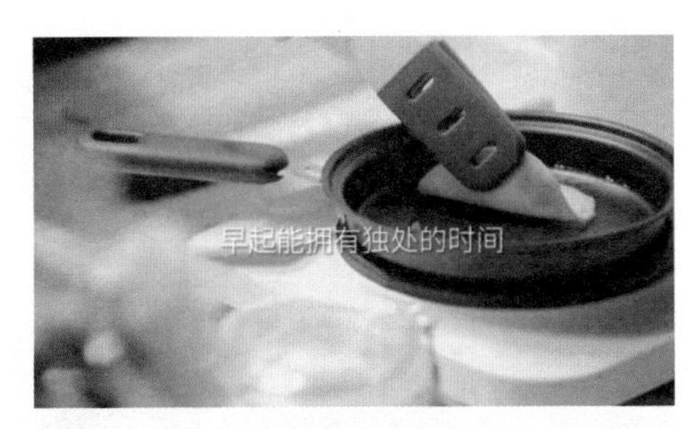

第4段素材（近景）

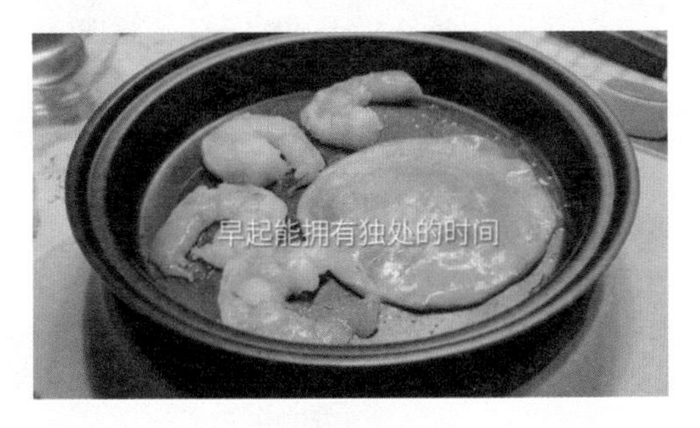

第5段素材（特写）

第 6 段素材（特写）

拍摄妈妈将鸡蛋打入碗中的特写镜头。

第6段素材（特写）

第 7 段素材（近景）

拍摄妈妈拿筷子打散鸡蛋的画面。

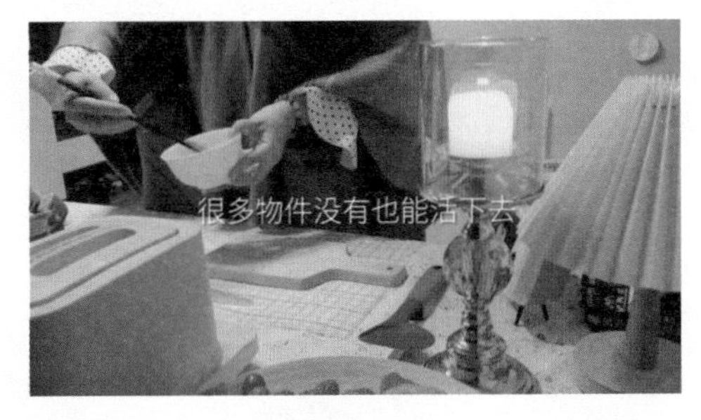

第7段素材（近景）

第 8 段素材（特写）

变换角度拍摄妈妈将鸡蛋倒入锅中的画面。

第8段素材（特写）

第 9 段素材（近景）

寻找前景，拍摄做三明治的画面。

第9段素材（近景）

第 10 段素材（特写）

再次切换角度拍摄。

第10段素材（特写）

第 11 段素材（近景）

拍摄妈妈切开三明治的画面。

第 12 段素材（特写）

镜头马上切换到俯拍，给切开的三明治一个特写镜头。

第11段素材（近景）

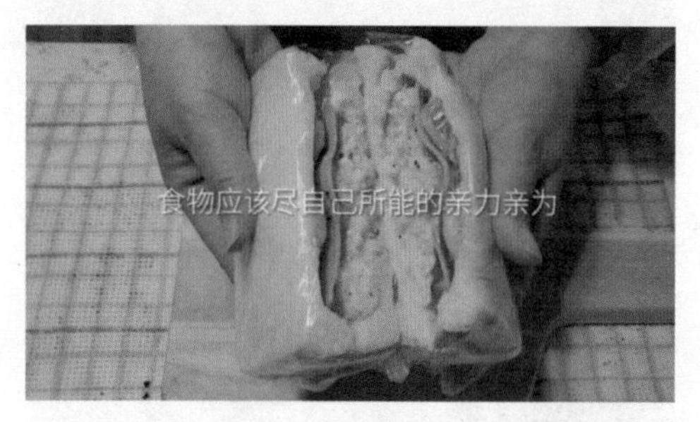

第12段素材（特写）

第 13 段素材（近景）

给做好的三明治来个全貌特写。

第13段素材（近景）

这是一段妈妈为孩子做早餐的拍摄过程，一份再简单不过的早餐都需要很多段素材进行展现，而且同一个景别下也会尝试变换多个角度，这些都是为了丰富视频内容，让拍摄出的内容更符合观众的观看习惯。

多切换机位，找到更多能够实现的拍摄手法，这才是我们能够越拍越好、不断进步的正确之路。

6.3 美食素材的剪辑和重组

在完成整个素材的拍摄后，就意味着最重要的一项工作即将开始。

如果我们在拍摄的时候就带着剪辑的思维去拍，那么，现在的工作将轻松很多。首先，整理素材，这一步很关键。在粗剪之前先看一遍素材，把那些拍失误的、拍多余的、拍得不理想的素材全部删除，既节省计算机的硬盘空间，还会便于剪辑。

6.3.1 制作一个让人垂涎欲滴的开场

我们在观看那些优秀的美食博主的视频时一定会发现，在他们的视频开头都会将已经制作好的美食先展示给大家，这些美食都有着共同的特点——让人垂涎欲滴。

仔细探究后你就会发现，在这段不超过 5 秒的视频中，他们尽可能地呈现最美的画面，无论从食物的拍摄角度，还是场景的布置、食物的摆盘都做到了完美，为的就是在视频开始的最初几秒，就能成功抓住观众的心。

那么我们在剪辑的时候也应如此，挑选所有素材中最好看的几帧画面作为视频的开头，可以以卡点的形式展现，随着音乐节奏快速展示几个食物的特写镜头，先勾起观众的食欲，这样他们才会有看下去的欲望。

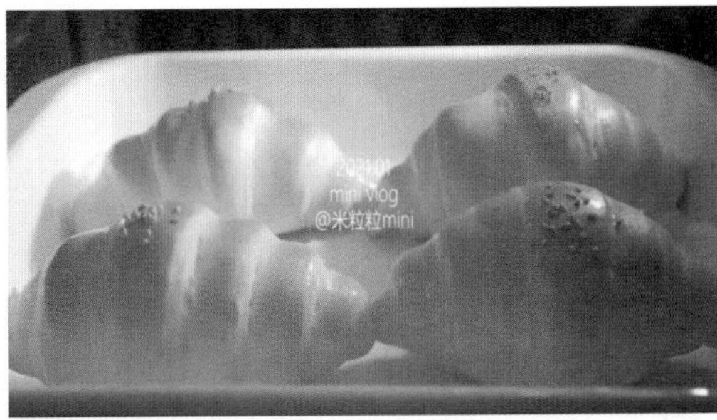

诱人的美食，图片来自@米粒粒mini

6.3.2 选择一曲合适的背景音乐

一首音乐可以不搭配视频画面也能被大家所接受，但如果一段视频不配音乐，大家就无法接受了，这就是背景音乐的魅力，所以，一段视频的成败，在一定程度上取决于音乐。

著名导演黑泽明曾说过："影片的声音并非简单地增加图像的效果，而是将效果放大两倍，甚至三倍。"

我最喜爱的旅拍大师"布兰登李"就特别擅长使用背景音乐烘托画面的气氛，在他的旅拍视频中，每个画面都与背景音乐完美结合、天衣无缝。当然，他能做到这种程度是因为他会作曲，他在视频中用了大量自己制作的音乐，所以才能做到"绝配"，那么我们不会作曲的人就不配拥有绝妙的背景音乐了吗？

当然不是，之前我就说过，音乐素材需要我们不断积累，等到拍摄好素材，脑海中就应该有一个大概的音乐风格了。此时，我们来到音乐素材库，选几首音乐作为备选，然后导入剪辑软件中，配几段拍摄好的片段感觉一下，如果感觉对了，基本上就可以确定下来了。在确定好音乐之后，剪辑就会变得相对简单。

6.3.3 剪辑视频素材

剪辑视频也就是所谓的"后期"，要按照一定的步骤进行，下面逐一讲解。

1. 顺片

音乐确定好后先"顺片"，也就是我们要按照拍摄之前写好的脚本把素材组合成一个大的框架，如果所要剪辑的美食 Vlog 还带有较强的故事性，就必须以剧本为蓝图，将各个场景的镜头组合起来，并遵循故事发展的顺序放置。

2. 粗剪

之前的顺片是把所有素材都放进了剪辑软件中，只是按照先后顺序整理了一番，而现在要做的就是为素材来一次"减肥"，把一些拍摄明显粗糙，或者拍摄较为拖沓的片段删除，留下来的

素材虽不能保证完美，但整个视频的主要叙述方式、时间节奏的把控等已经基本成型了。

3. 精剪

粗剪时，我们已经把多余的“脂肪”都清理干净了，此时，我们就要对素材进行“塑形”了。在这一步，我们要让整个视频的结构显得更加严谨。很多人说，在剪辑的时候总是不知道如何把握一个镜头转换到另一个镜头的时机，其实在弄清楚这一点之前，我们先要明白以下几点。

第一，这个素材为什么被剪掉?

第二，被剪掉的素材中是否能够给观众传递新的信息?

第三，除了现在的素材，还有没有可以提供新信息或更能满足剧情需要的素材呢?

弄清楚这几点后，我们才能对视频中的镜头做最终的取舍，只有留下来的素材是真正可用的，我们再去考虑这些有用的素材之间该怎么衔接。

从一个镜头切入另一个镜头时，首先动作必须匹配连贯。例如，一个中远景镜头中，你正用右手拿着刀切菜，接下来，镜头切入案板上食物的特写时，刀应该依然在你的右手中，如果镜头切换过去之后，你不是右手拿刀，而是变成了左手拿刀，这样在连贯的动作中就会出现短暂的中断，观众看上去就会很疑惑。

除了动作的连贯，我们还要注意位置的连贯，因为一条视频在观众的眼中是具有方向性的，而且还同时具有空间感。例如，前一个镜头，你站在桌子的右侧，那么在同一个场景中，你就必须出现在画面的右侧，除非剧情需要你进行位移，否则，必须保证位置的连贯性。

在剪辑的过程中，我们一定要注意动作和位置的连贯性，因为对于拍摄新手来说，很容易一门心思为了取到好看的角度，而忽略这些更为细节的问题。

当视频素材整理完毕后，整个作品不需要进行大修改的时候，就可以跟背景音乐进行匹配了。例如，根据音乐的快慢节奏进行微调，如果选择的音乐有较强的节奏性，那么可以进行卡点处理，让画面和音乐高度契合。

6.3.4 制作片头和片尾

1. 制作片头

视频制作好后，我们还需要为视频设计一个充满仪式感的开头。

开头是 Vlog 中相当重要的组成部分，它是观众决定是否继续观看下去的关键之一，在设计 Vlog 开头的时候，有以下几点需要我们注意。

第一，打造属于你的专属开头。一般 Vlog 开头有几种模式，有以声音开头的，有以文字开头的，有以创作者的标志性动作为开头的，还有以整个视频中几个重要片段的快闪为开头的……但是，无论采用哪种模式开头，都需要按照自己的风格来设定，让大家一看到这个开头就能联想到你，这就是非常好的开头了。

第二，开头风格尽量保持一致。确定好风格后，我们要尽量加深观众对这种开头的印象，那么，就需要你在以后的视频中都以这种风格的开头呈现。坚持一段时间后你就会发现，观众已经习惯并熟悉你了。例如，美食博主“卷卷”每个视频的开头都会用广东话说一句:“大家好，我是卷卷。”

“卷卷”拍摄的Vlog视频截图，图片来自@卷卷名字被吃掉了

第三，风格选择以吸引观众为前提。我们拍摄的 Vlog 都是为了取悦观众的，那么观众喜欢什么样的开头比你自己喜欢什么样的开头更重要，所以，要去分析观众对什么样的开头更好奇。

对于美食 Vlog 来说，一般都倾向于选择“开门见山”的方式开头，一段简短的文字过后，就直接呈现今天要烹饪的食物，只不过有些人会直接呈现制作的过程，有一些人会把已经制作好的成品放在开头展示。

这类“开门见山”的开头方式，迎合了一批不喜欢拐弯抹角的观众的口味。例如，美食博主“一下子就醒了”会以一行文字交代今天要制作的是什么美食。

“一下子就醒了”拍摄的视频截图

再如，美食博主 @ OoCooking 的视频每次都直奔主题，直接开始今天的美食制作。

OoCooking拍摄的视频截图

当然，现在也有很多人会选择“悬念式”的视频开头，例如，孩子不吃煮鸡蛋是因为你这样做了；在家做不出肯德基同款薯条吗？快试试这个小妙招……这样的开头，很能吸引观众看下去，也是美食类 Vlog 博主比较喜欢用的，因为这类开头迎合了那些好奇心十足的观众。

总之，记住你所设计的开头决定了观众是否愿意继续看下去，还有观众是否能够记住你，你所做的一切，都为了这个结果而服务。

2. 制作片尾

相比开头，结尾也很有探究，但有些人会说，结尾不那么重要，因为大部分的观众看不到那里就“划”走了。可是我想说，哪怕有一个人愿意看完，你就要为他设计一段结尾。

首先，说说结尾都有什么用途。合理地利用结尾可以让观众记住你，并加深对你的印象，还可以利用结尾引导观众下一次观看，下面我们来看看都有哪些常用的结尾方式。

第一种，花絮式结尾。在美食的烹饪过程中，我们难免会失误，此时恰好被摄像机记录了下来。虽然在成片中我们展示的都是完美的画面，但我们可以把这种失误的画面当作花絮放在视频的结尾，一来显得制作非常真实，二来可以博观众一乐，无形中拉近你们之间的距离。

将拍摄时的失误剪成花絮

第二种，下集预告式结尾。有些 Vlog 在结尾处会预告下一期的内容，对于美食类的 Vlog 来说，更适合用这种结尾。如果你提前预告了下一期要做的食材，说不定还有观众买好食材等着跟你一起做呢。这样的结尾有利于吸引观众关注你。

第三种，提问式结尾。有些博主的视频会在结尾处发起提问，例如，“下一期你们想吃什么？留言告诉我。”这样的结尾可以促进博主与粉丝之间的互动，提升粉丝的黏性，还能通过粉丝的留言来不断优化自己的作品内容，一举三得。

提问式结尾，图片来自@超子美食

提问式结尾（续）

第四种，福利式结尾。还有一些 Vlog 视频的结尾会设计一些领取福利的方法。例如，关注点赞并留言的观众就可以获得某某奖励。

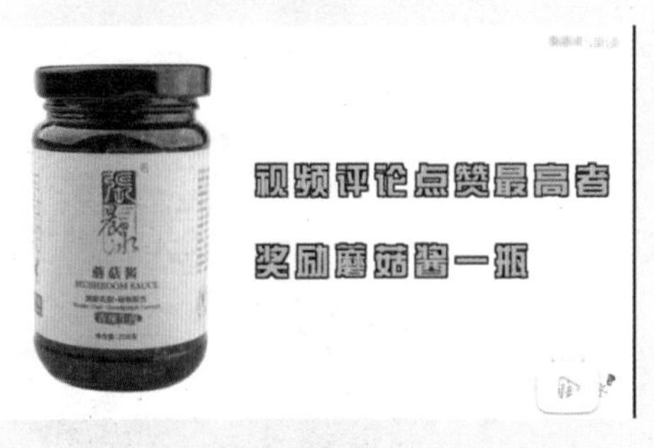

福利式结尾

这样做的好处是提升粉丝对你的好感和黏性，让更多的人喜欢看你的视频，而且，如果设计了这样的结尾，可以在视频刚开始就提醒大家结尾有福利，这样就可以提升视频的完播率。

第五种，祝福式结尾。这种类型的结尾一般适合用在制作与节日相关的 Vlog，在结尾处说一些祝福的话，例如，“中秋节快乐”“国庆节长假旅途愉快”“周末愉快”等。

祝福式结尾

这样的祝福式结尾可以给观众留下美好的印象，尤其是美食 Vlog，可以制作与节日相关的美食，再用美食向观众传达祝福，一下子就拉近了彼此的距离。

第六种：联系方式结尾。有不少的视频博主，不止在一家平台发布自己的作品，那么，他们一般会倾向于用这类结尾。

例如，可以在视频结尾处以文字的形式留下自己其他平台的账号，并引导观众去关注自己，这样做能够为自己的其他平台更好地引流、吸粉。

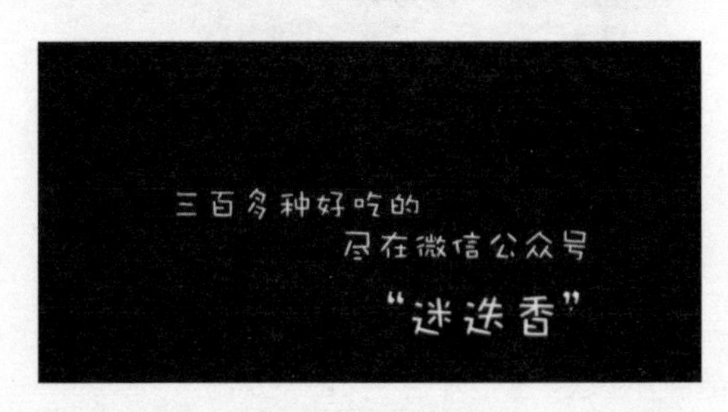

结尾处留下联系方式

第七种，动态文字结尾。还有一些美食类博主喜欢以制作的动态文字作为结尾，在自己制作美食的视频画面上展示文字效果，文字一般就是“下一顿饭，再见”“感谢你的观看”等。

还有一种方式是在黑幕背景上显示文字，有点儿像“快闪”文字的效果，此时的文字比较侧重引导性，例如“关注”“点赞”“收藏”“转发”“评论”等，观众一般比较喜欢看这类文字快闪效果，能够增加视频的互动性和趣味性。

动态文字

动态文字（续）

第八种，渐隐式结尾。画面从正常亮度慢慢变黑，直到视频结束，这种类似电影谢幕的结尾，也是许多博主惯用的方式。这类结尾比较适合小清新、治愈风格的美食视频，视频拥有电影的质感，最后以黑幕结束，就会显得很高级。

以黑幕作为结尾

第九种，特效 logo 结尾。还有一种强化品牌 logo 或自我 IP 宣传风格的结尾，就是在结尾处设计一个特效，突出显示自家的 logo，具体的操作步骤如下。

01 打开剪映 App，单击“开始创作”按钮。

剪映操作界面

02 单击左上角的“素材库”按钮。

03 在“素材库”中找到喜欢的素材风格，这里以转圈特效为例进行示范。在搜索栏中搜索“转圈”关键字，显示相应的素材。

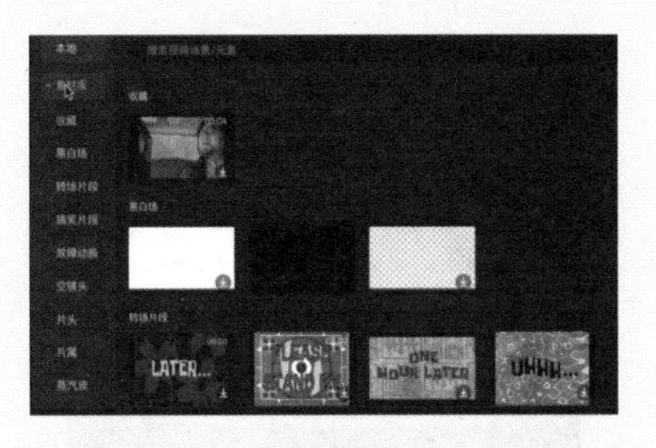
素材库

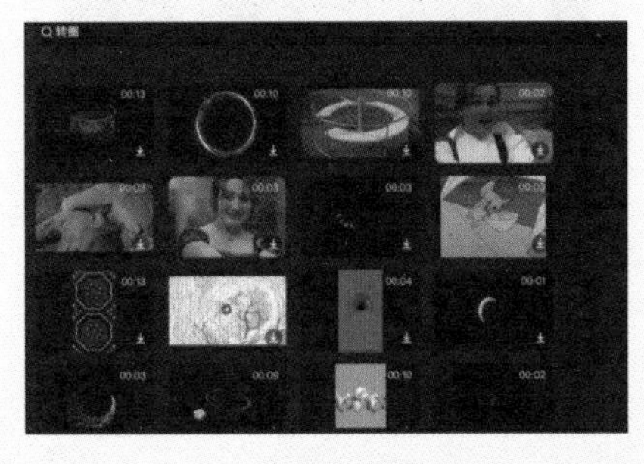
“转圈”素材

04 在下方的所有素材中挑选想要的素材并选中，在右下方单击“添加”按钮。

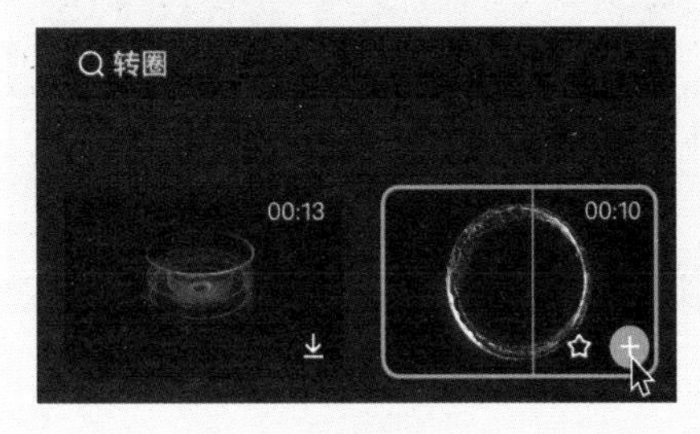

添加素材

05 来到剪辑画面，此时可以看到刚才添加的“转圈”素材。接下来，添加品牌 logo，选择“画中画”，单击“新增画中画”按钮，然后在图片中找到要展示的品牌 logo，单击“添加”按钮。

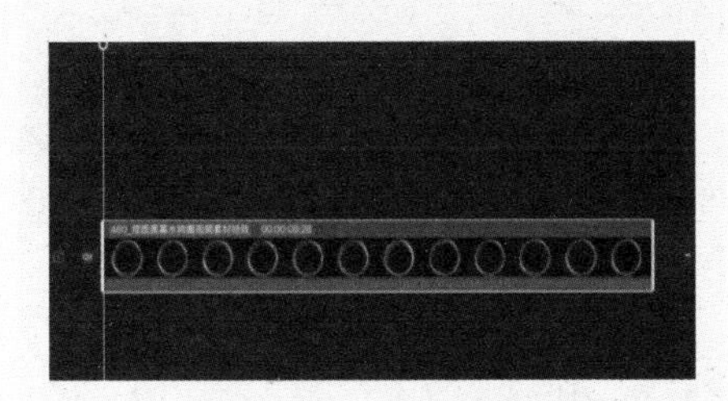
选中添加的“转圈”素材

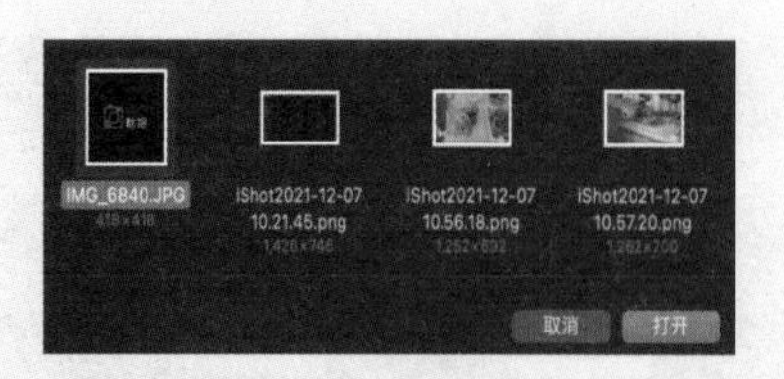

选择logo图片

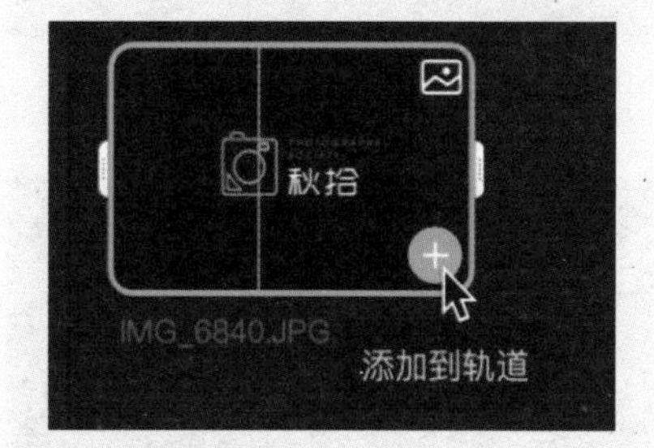

添加画中画

06　此时可以看到轨道上已经显示了刚才选择的图片，将这张图片的时长与上方的素材时长调整一致，确保上下时间线对齐。

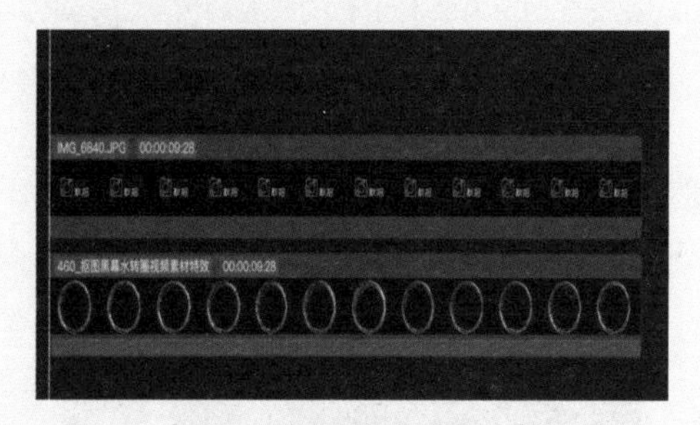
素材对齐

07　此时再单击这张图片，在下方的菜单栏中找到并单击“蒙版”按钮，因为选择的素材是圆形的，所以，选择“圆形”蒙版样式。

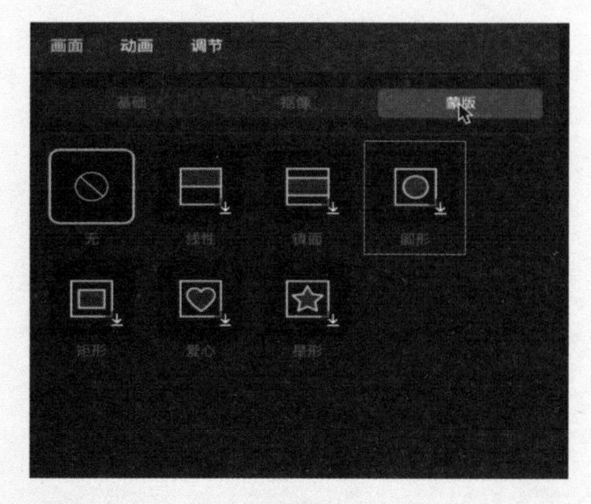

选择蒙版

08　缩放并放置图片到圆环中间，还可以通过下方的“羽化”箭头，让图片边缘与“圆环”相接得更加自然。

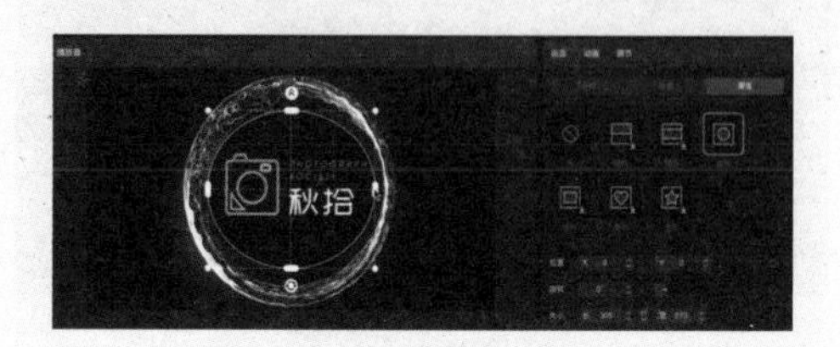
设置“羽化”

09　最后单击播放按钮，预览整体效果。如果觉得没有问题就可以单击右上角的“导出”按钮导出视频，等到做完美食的视频时，把这一段导出的片尾当作一段素材添加到结束的位置即可。

做好的片尾

做好一个这样的视频，可以在不同的视频结尾处添加，效果非常好。

第十种，电影视频字幕式结尾。我们还可以做类似电影片尾的效果，左侧可以播放视频，右侧出现滑动的字幕。

带字幕的片尾

此处以一个小短片为例，给大家演示一下具体的操作步骤。

01　需要在视频的结尾处添加一段素材，在开头处创建一个“关键帧”。

创建关键帧

02 单击“关键帧”按钮的同时，将视频缩小并摆放至屏幕的左侧。如果想要效果更流畅、不显得很突兀，那么就多加几个关键帧，每加一个关键帧，稍微缩小画面，直至整个画面被缩小到左侧合适的大小，停止创建关键帧。

逐步创建关键帧

03 添加字幕，单击“文本”按钮，在弹出的文本框中输入要展现的文字，再对文字进行一系列设置，如设置字体、字间距、行间距、文字颜色等。

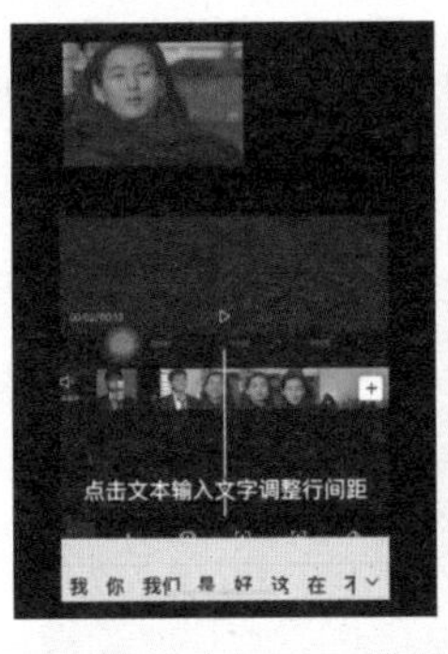

输入文字

完成以上操作后，如何让文字呈现滚动的效果呢？可以继续使用关键帧来处理。

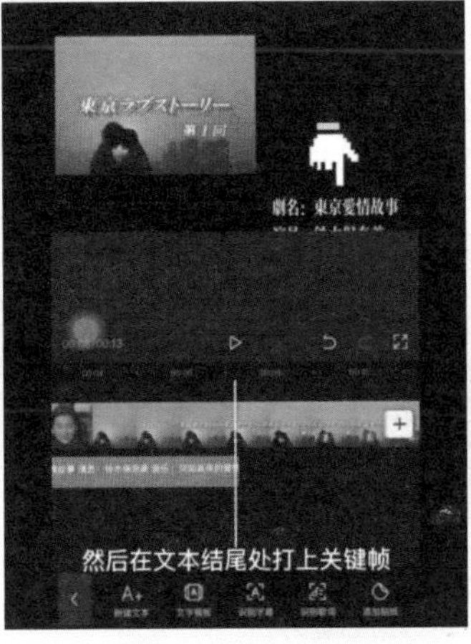

在剪映中为文字创建关键帧

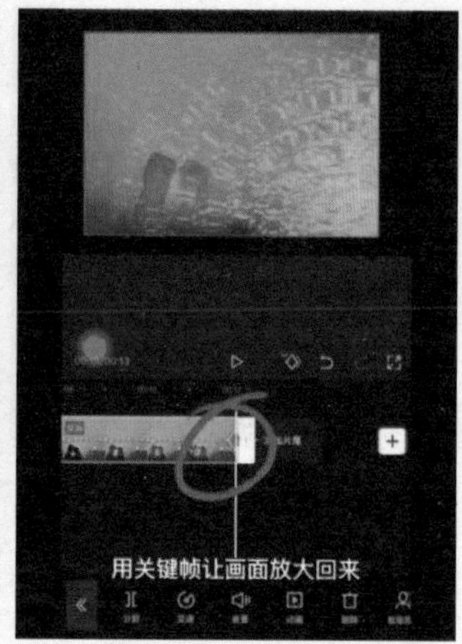

在剪映中为文字创建关键帧（续）

音乐和视频全部匹配好后，视频基本已经完成了，现在只需要做最后的一些补缺工作。如果视频中需要添加字幕，可以选择自行添加字幕，或者智能识别字幕。

我们以剪映为例进行讲解。在添加或识别字幕后，可以选择不同的文字样式。

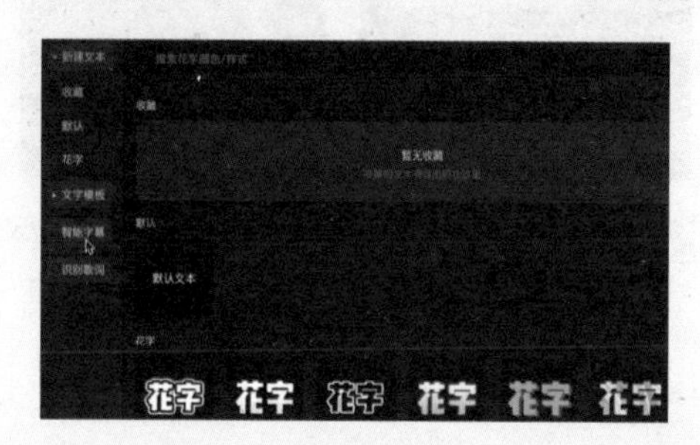

文字样式

还可以更改字间距，为字体添加背景、阴影、描边等。

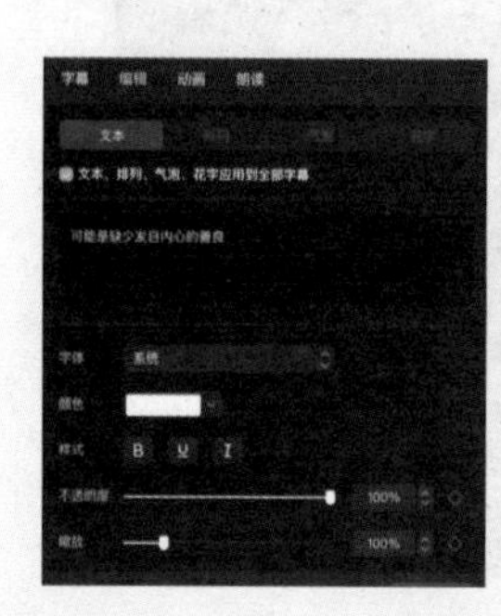
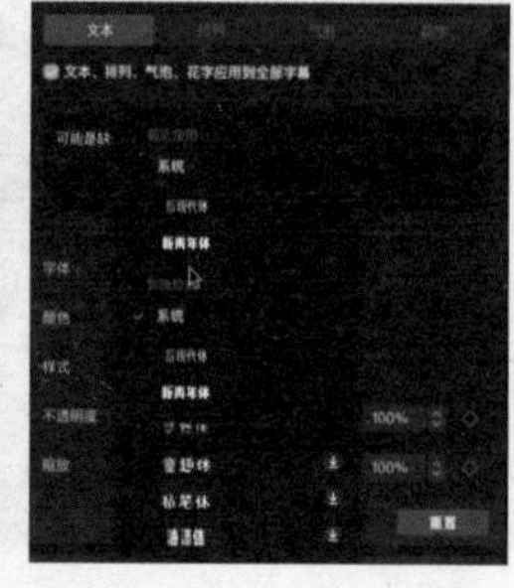

设置文字属性

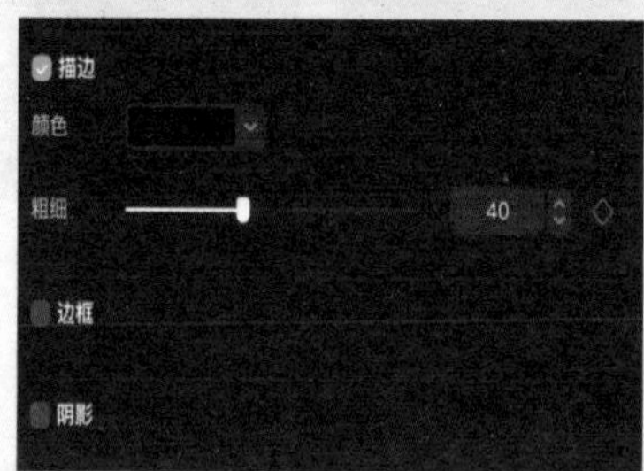

设置文字样式

这里要特别说明一点，剪映专业版更新到最新版本之后，可以对字幕进行批量修改，这个功能非常方便，尤其对于那些口播类的视频，有了批量修改的功能之后，就可以在右上角的位置统一进行编辑整理，还可以进行快速换行的操作，非常人性化。

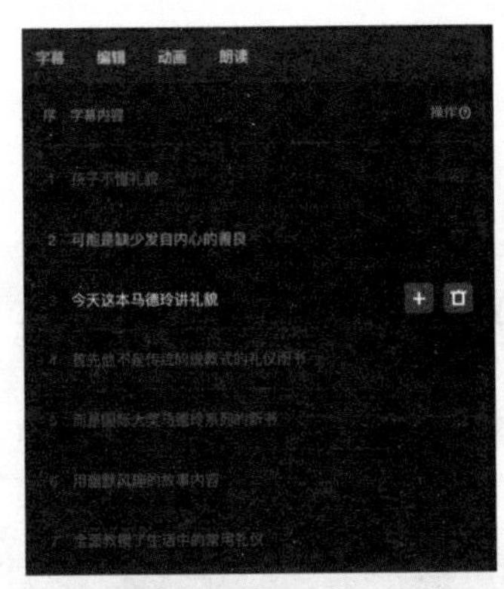

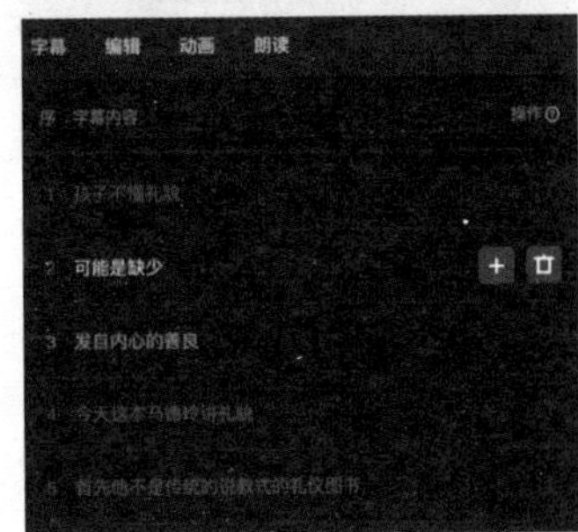

批量修改文字

6.3.5 对片段进行变速处理

在美食 Vlog 中，有些重复的步骤可以进行变速处理，从而缩短时长，例如，有一位博主在拍摄的视频中制作雪花酥，制作完成后，将雪花酥装在了透明的保鲜袋里封口。当她演示完第一遍之后，剩余的雪花酥装袋的过程就可以使用加速播放来呈现，这样既展示了整个过程，又不会占用太长的时间。

“野鸡庄园”拍摄包装时的视频采用了加速处理，图片来自@野鸡庄园

相反，如果有些镜头你想用它来表达某种情绪，那么就可以慢速播放（慢镜头），例如我们要给食物淋上热油这个动作，就可以使用慢镜头来呈现，为观众呈现热油倒入食材、食材发生微妙变化的过程，也能体现一种期待的情绪在里面，让这一个结束的动作回味无穷，留下美好的印象在观众心中。

“贵人宜东行”拍摄的视频中泼油动作采用慢镜头展示，图片来自@贵人宜东行

所以，在美食 Vlog 中擅用变速能够达到意想不到的效果，可以让你的视频更加生动、有趣。

6.3.6 在片段之间添加转场效果

在剪辑视频的时候，我们需要把两段或两段以上的视频素材进行合成处理，此时就需要在视频衔接处添加转场效果。

“转场”简单来说就是一段视频到下一段视频中间的过渡，优秀的视频博主是不会小看转场在视频中的作用的，尤其是在带有剧情的视频中，转场显得至关重要，它不仅关系到剧情走向，还关系到视频整体呈现出来的效果。

在添加转场效果之前，我们有必要了解一些基础的转场名词，只有理解这些词语，才能在更合适的地方利用它们。

1. 切

“切”这个词其实是有来源的，在电影发展的初期，剪辑员剪辑影片可不是用计算机，而是直接用剪刀或者那种直剃刀将映有影像的弹性塑料胶卷直接剪切下来，然后再用胶带或胶水将两段胶片连接在一起，这就是“剪切”一词的来源。

那么，在什么时候要用到“切”呢？在保证动作连贯的情况下，需要有一个“冲击”的效果，且故事交代的信息或地点等发生了变化时，我们就可以用“切”来进行转场。

越为优秀的剪辑师，越能为自己的“切”找到理由，好的转场会让“镜头二”既有趣又在构图上有别于“镜头一”，如果两个镜头在构图上过于相似，即使讲述不同的故事，也会给观众呈现一次“跳切”。

2. 叠化

人们都说叠化是“催泪弹”式的剪切，因为叠化是在视频中出现情绪渲染时使用的，叠化和“发人深思”的情感密不可分。

叠化可以实现一个镜头结束渐变为下一个镜头的开始，是通过一段时间内两组镜头的重叠，同时分别向下或向上移动来实现的，随着第一个镜头叠化，下一个镜头同时出现在屏幕上，两组画面重叠在一起，有时我们把叠化也称为视频的“混合”。叠化还可以压缩时长，压缩还可以配合慢镜头画面来延缓时间的流逝。

3. 划变

“划变”转场方式介于“切”和“叠化”之间。“划变”是指新的镜头或沿对角线，或沿水平，或沿垂直方向划过屏幕来取代上一个镜头。

一般发生了时间、地点的变化时要用到划变转场，划变起了填充的作用，也就是当两个视频独立存在，不太好直接连在一起的时候，就用划变来做两段视频之前的填充物。

4. 淡入淡出

“淡入淡出”转场通常被用在开始或结尾处。淡入是首先出现黑色屏幕，接下来黑色逐渐淡去，清晰的画面随即显示；而淡出是视频结束时渐渐变成黑色，表示故事已经结束。

在了解了用来剪辑的专业名词之后，就来试着操作几种基本的转场效果的添加方法吧。

1. 基础转场

此处以剪映为例，讲解如何为视频添加一些基础的转场效果。

01 之前已经在剪映中对视频素材进行了粗剪和精剪，那么现在就需要为一段段视频添加转场，单击两段视频中间的转场图标，进入“转场”编辑界面。

“转场”编辑界面

02 此时可以看到剪映给出了多种转场模式，例如基础转场、运镜转场、特效转场等，此处选择“基础转场”，然后选择“叠化”选项。

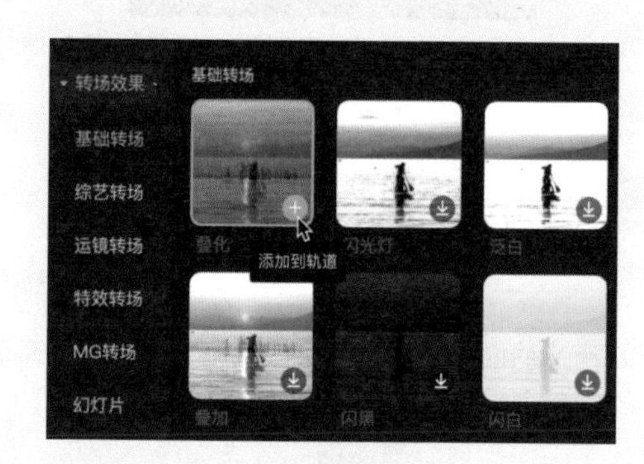

转场效果界面

03 可以在转场效果右侧的详情区域中拖动“转场时长”滑块，调整转场效果的持续时间。

设置转场时长

04 单击右下角的√按钮确认添加转场效果，如果想要将这个转场用在每一段视频中，可以单击

"应用到全部"按钮，再单击√按钮来确定添加即可。

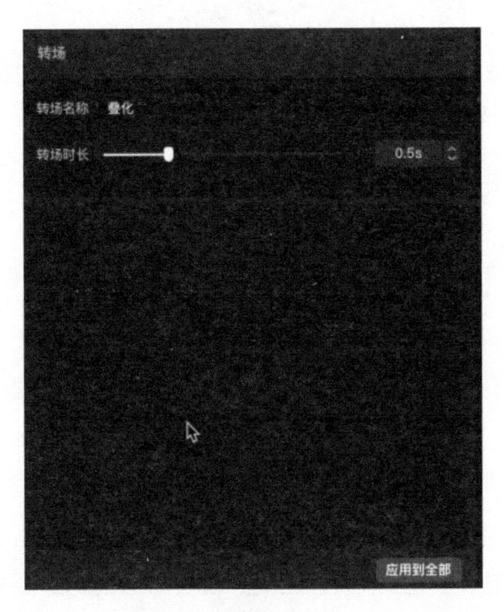

应用到全部

2. 运镜转场

在很多剪辑软件中都会自带许多运镜转场特效，按照与"基础转场"类似的操作步骤添加即可。除了剪辑软件中自带的运镜转场效果，我们在平时拍摄的时候，也可以刻意拍一些能够自然过渡的素材。

例如，在拍摄食物放置在桌上进行装盘、摆盘的素材时，拍完桌上的一组镜头后，可以拍一组由桌面向右甩向旁边餐桌的画面。

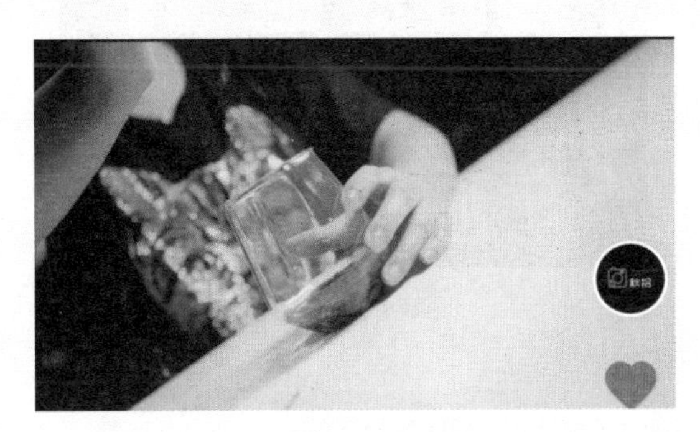

向右甩的镜头

为什么是用"甩"这个镜头，而不是慢慢地摇镜头呢？因为"甩"通常运用在两个镜头切换时的画面，在第一个镜头即将结束时，通过向另一个方向甩动镜头，来让镜头切换的过渡画面产生模糊感。这样拍摄出来的画面等到后期剪辑时，就可以让两组镜头自然衔接，不用单独为其添加剪辑软件中自带的转场效果了。

3. 特效转场

有时候我们还可以添加"特效转场"来为视频增光添彩，具体的操作步骤如下。

01 在剪映中导入多段视频素材，单击两段视频中间的图标，选择"特效转场"。

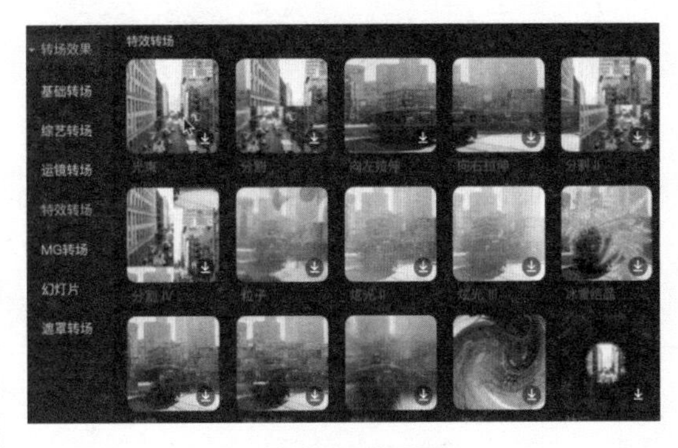

"特效转场"界面

02 选择"光束"转场效果。

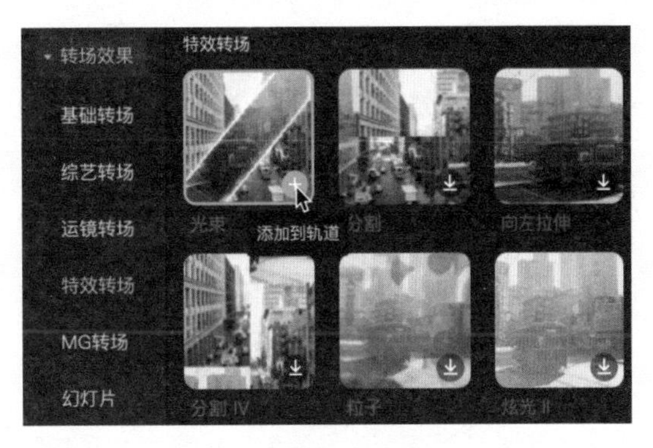

"光束"转场效果

03 单击右下角的+按钮，确认添加效果。

04 导出并预览视频效果。

总之，我们在片段之间添加转场是为了让视频带给观众最佳的视觉享受，平时多试着添加各种转场，时间长了，自然可以抓准各种剪切的时机。很多优秀的大师都说过："优秀的剪辑是看不出被剪辑过的。"所以，我们要朝着这个方向不断努力。

6.4 修饰视频画面

6.4.1 改善画面颜色

我们为拍摄的视频进行后期调色到底是为了什么?

第一，是为故事增添情绪。

第二，是为了去掉干扰色，强调需求色调，引导观众的审美和视觉重心。

不同的色彩会给人带来不同的感受，而且色彩的饱和度、亮度、色彩面积、色彩位置等都会带给人不同的视觉体验。

在同样的环境下，面对同样的拍摄对象，有些人拍出来的视频看起来干净舒服、主题明确，而有些人拍出来的视频则看起来杂乱无章、毫无美感，这是为什么呢?

这当然不是设备的差距，关键在于后者拍摄的视频没有抓住主色调这一关键点。

举个例子，一对双胞胎女孩站在你面前，一个穿着淡紫色套裙，扎着简单的马尾，身上也没有其他的装饰品，脚上穿着一双白色的运动鞋；而另一个女孩则穿着红色的上衣，淡紫色的短裙，头上戴着蓝色的发卡，耳朵上戴着绿色的耳环，脖子上挂着一条明晃晃的金项链，脚上又穿着一双银色的鞋子，脚踝处露出了粉色的袜子。

相信任何人看到这一对双胞胎都会觉得第一个女孩子比较漂亮，这是因为第一个女孩子的穿着更注重于色彩搭配，而第二个女孩子为了凸显所谓的个性，将自己认为好看的颜色全部叠加在自己身上，反而会让人眼花缭乱。

由此可见，色彩搭配对于视觉效果的影响是非常显著的。

我们拍摄出的作品要经过调色来达到完美的效果，但如果前期拍摄的时候，没有注重色彩之间的搭配，拍出来的视频杂乱无章，那么后期在进行调节也是于事无补的。

所以，我们在拍摄的时候，先要确定拍摄的主色调。主色调是指画面想要表达的中心点，也可以说是一段视频的背景色，能代表整体环境所要突出的氛围。

例如，我们想要拍出小清新风格的 Vlog，那么在选择主色调的时候，就应该选择干净、清爽的颜色，像淡蓝色、淡黄色等。但如果今天我们要拍摄的是一段复古风格的 Vlog，那么，就应该选择原木色或橡木色等透着浓厚复古气息的颜色来作为主色调。

再如，我们在外景拍摄，夏天的时候，会以绿色的树叶作为前景，让整个画面以绿色为主色调，凸显夏季的感觉。但如果在秋天拍摄，就应该选择银杏叶的颜色作为画面的主色调，让画幅中银杏叶占据较大比例，尽量不要出现绿色的植物，这样自然而然在视频中就会充满秋日的气息。

除了前期拍摄的时候要考虑颜色的搭配，那么在拍摄完成后，我们也需要进行简单的调色，针对美食 Vlog，很多剪辑软件中都有专门的美食滤镜，如果实在不会调色，也可以直接套用。

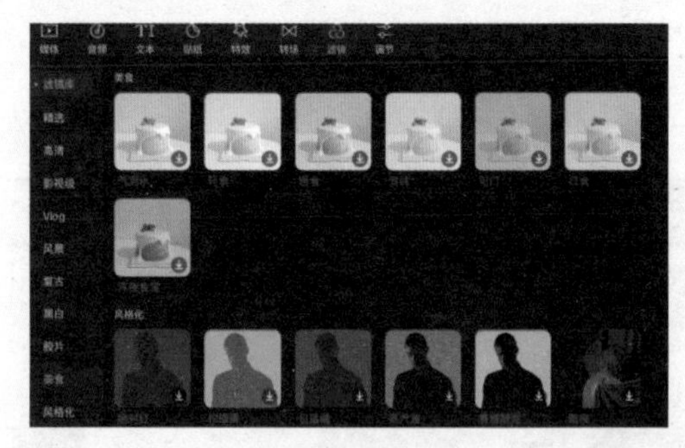

剪映中的滤镜

6.4.2 录制旁白

提起在美食 Vlog 中插入旁白，大家一定会想到知名节目《舌尖上的中国》。

在绝大多数影片中，旁白能够给我们提供大

量的信息，而且最有戏剧表现力的效果也是通过寥寥数语或几个字的旁白来实现的。

其实有不少美食博主最早采用的都是这样的视频风格，除了使用视频同期声，还会为视频录制一段解说类型的旁白插入其中，让整个视频显得故事性十足，同时也丰富了视频的内容。

但我们也应该有节制地使用旁白，避免重复陈述在画面中已经清楚显示的信息。

在制作美食 Vlog 的时候，大致有以下几种旁白类型。

第一种，美食制作介绍类。这种旁白就是如《舌尖上的中国》中旁白的类型，主要通过介绍相关食材、食物处理方式、制作步骤、调料放入比例等来搭配视频画面，如“@ 二喵的饭”制作的视频。

“@二喵的饭”制作的视频截图

第二种，情感加持类。这种旁白本身与食物制作画面无关联，也就是视频正在播放着博主制作一道“酸汤肥牛”的过程，而旁白讲述的却是博主今天上班的所闻所见，或者一些情感的分享，例如“@ 深饭小哥哥”制作的 Vlog。

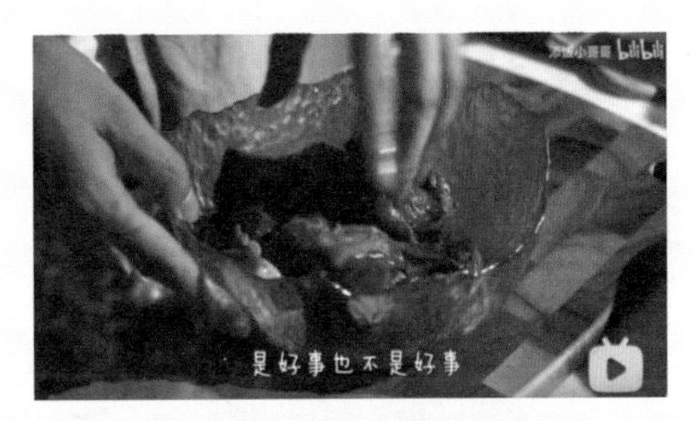

“@深饭小哥哥”制作的视频截图

第三种，沉浸式白噪声类。这类视频不配任何背景音乐，单纯都向观众展示食物制作的原声，如切菜声、煎炸声、锅铲发出的碰撞声等。例如“@ 与光料理”制作的 Vlog。

“@与光料理”制作的视频截图

6.4.3 添加字幕及音效

现在我们要给视频添加字幕了，如果你亲自为视频录制了旁白，那么就在剪辑软件中选择智能识别字幕即可；如果你是为视频搭配了几段治愈系的文字，那就直接添加文本即可，文本添加进去后，可以设置字体、样式，还能设置文字动画。

现在的剪映专业版可以进行文字的批量修改，也可以批量修改错别字。如果文字特别长，还可以通过按回车键将其分段，操作简单，大幅提升了剪辑的效率。

在添加字幕的时候，要以不遮挡画面中的美食为前提，将字幕调整到合适的位置，并设置合适的大小，至于字体的选择就要根据拍摄视频的风格来决定了。为了让文字显得更加生动，还可以为文字设置动画，例如渐显、渐隐等。

添加字幕后，我们还要为视频添加音效。对于美食类 Vlog 来说，音效是非常关键的元素，例如煎炸食物时发出的声音，还有切菜时的切菜声、倒水时的声等，那么这些声音究竟是随视频一起录制呢？还是后期添加呢？

其实，如果想要声音达到更好的效果，是需要用话筒单独收音的，我们在录制的过程中，将收音话筒放置在离声音最近的地方，精准而清晰地收录声音。这样做的好处是，声音能够更好地契合你所拍摄的视频画面，做到天衣无缝。

但如果我们忘记了录制声音，或者录制的声音效果不理想，那么就可以直接添加音效，剪映中提供了很多与烹饪相关的音效，如切菜、煎炸食物、倒水，甚至是水烧开后沸腾的声音都有，我们只需要选择添加即可。

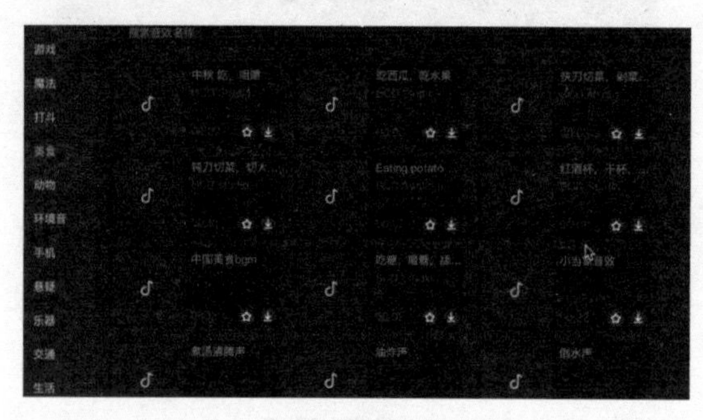

剪映中的音效

6.4.4　制作引流片尾

来到这一步也就意味着我们的视频制作已经基本完成了，如果我们能制作一个好的结尾来为视频引流，那就更完美了。

有些博主会在最后几帧画面的中心直接写上结束语，例如“感谢你的观看，下一期再见”。我们也可以在视频画面结束后，单独添加一段黑色素材，并在黑色素材上打上我们要展现的文字。

此时，我们可以预告下一期的主要内容，如果遇上节假日，还可以来一段祝福语，结束前附上账号信息，如果在其他平台也开设了账号，就可以在这里做引流。

对于美食类 Vlog 来说，我们还可以制作引导评论区留言的片尾。例如，我们制作了雪花酥，而且已经在视频中呈现将这些雪花酥装袋封口的画面，那么就可以在片尾进行引导，可以让观众在评论区或弹幕中留言，然后抽取几位幸运观众送出礼物，这样的结尾会引导观众留言，大幅增加与粉丝的互动。

我们还可以在片尾处引导观众留言下一期希望看到的美食制作内容，例如“下一期你想看我制作哪道美食，评论区告诉我”，这样的片尾同样可以引导观众与博主互动，还有利于我们进行下一期节目选题的把握，一举两得。

总之，制作一个加分的片尾绝对是一件事半功倍的好事。

6.4.5　导出成片

片尾制作好后，我们的美食 Vlog 就算完成了，接下来就要导出成片。导出时注意选择好视频的大小和格式。如果追求清晰度，尽量避免视频被严重压缩。

视频导出界面

导出成片后，要记得再观看几遍，检查有无错别字，检查声音与画面是否匹配。如果时间允许，可以先暂时把它“扔”一边，隔一天再拿出来看看，这样有利于发现之前没有注意到的问题。

目前，在自媒体平台上除了传统的美食 Vlog，还有一种叫作“一人食”的细分领域比较火，此类视频大多记录的是白领小姐姐下班后一个人独自烹饪美食，然后一个人独自享用的过程，整个视频温馨、治愈，深受年轻人的喜爱。制作食欲满满的美食固然重要，但能够将吃饭这件普通的事拍出满满的仪式感就需要我们多学多练，先从拍摄一个属于你的“一人食”Vlog开始创作吧，相信你可以治愈更多的人。

每个人都可以制作美食

其实，很多人的第一个Vlog都倾向于拍摄自己的生活日常，例如从早上起床到晚上睡觉的一天是如何度过的，带着孩子出去游玩的一天是如何劳累，还可能是一次同学聚会、一次家宴、一场比赛等。

我们用Vlog的形式记录下来的生活点滴，是我们留下的美好回忆，是我们唯一能让现在的自己与未来的自己“相遇”的办法，是这些琐碎日常的记录和创作，让原本普普通通的生活变得闪闪发光，而我们也会被这些记录赋予仪式感，千万不要小看这些仪式感，它会让你的生活变得更有格调。

那么，从今天起，也开始记录你的生活吧！

第7章

生活场景

——烦琐日常怎么记录

多机位

光线充足

确定主题

前期准备

人物出镜自然

整理素材

剪辑素材

修饰画面

改善颜色

贴纸

旁白

音效

字幕

7.1 前期拍摄准备

开头我想说的是，拍摄一段日常生活的 Vlog 很容易实现，你只要继续做你该做的事，然后拿起手机或相机，让它帮你记录下来就可以了。

但是，想要拍好一段生活 Vlog 没那么容易，看似简单的生活，想要拍出来有质感，有层次感，还是需要在拍摄前进行一番准备的。

7.1.1 确定拍摄主题，提前想好视频标题和故事线

生活 Vlog 其实有很多不同的主题，有治愈主题、独居主题、一人食主题、书桌日常主题等。

我们应该找到和确定自己擅长的哪个领域来进行深入。例如，你有一个布置精美的书桌，你平时会在这张书桌前阅读，那么你就可以把拍摄的主题往“书桌日常”上靠。

“秋拾”拍摄的书桌全貌视频截图

如果你是一个刚毕业的独居女孩，或者是一个很追求精致生活的白领，你就可以拍摄一些日常的小资生活。此时，如果你又恰好做得一手好菜，那么你也可以尝试拍摄“一人食”主题的 Vlog。

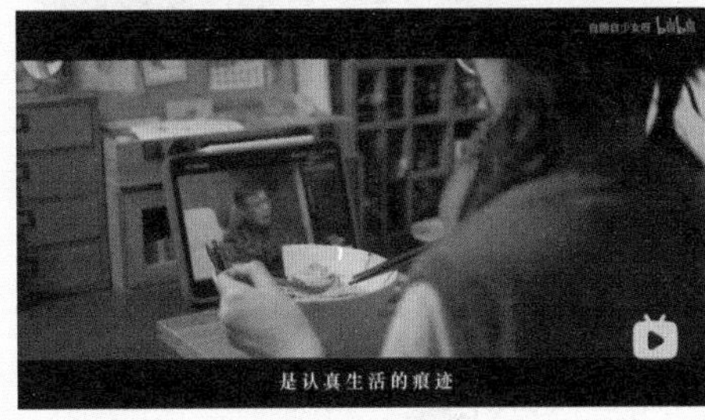

“自顾自少女”拍摄的“一人食”主题Vlog视频截图

总之，尽量选择你擅长的和喜欢的领域，因为你喜欢的领域才可能是你熟悉的领域，在拍摄中可以更好地传递一些专业知识；其次，可以利用本来就有的拍摄场景，例如，已经存在的精美书桌。

确定好主题后，先别急着拍，可以先简单地设想以下几点。

第一，我所要拍的视频是成系列的，还是单独一期就拍完了？

第二，我每期展现的主题是一样的，还是分几期来展现的？

第三，如果是成体系的，我要怎么给这个系列的视频起标题？

第四，如果是一期独立的视频，我大概要拍

几段？每一段分别展现什么内容？

第五，如果我想拍摄带故事性的 Vlog，该怎么样去设置故事架构？人物是否出镜？脚本谁来撰写？

大概想好以上这些关键点之后，就可以开始为真正的拍摄做前期准备了。我们以展现一个宝妈每日的精致生活为例，讲述需要做哪些具体的前期准备工作。

1. 写拍摄脚本

拍摄生活 Vlog 特别需要准备脚本，因为本身就是记录比较琐碎的日常生活，如果没有事先写好拍摄的脚本，很容易漏拍镜头。

我在拍摄之前都会写好脚本并打印出来，方便拍摄时随时查看。

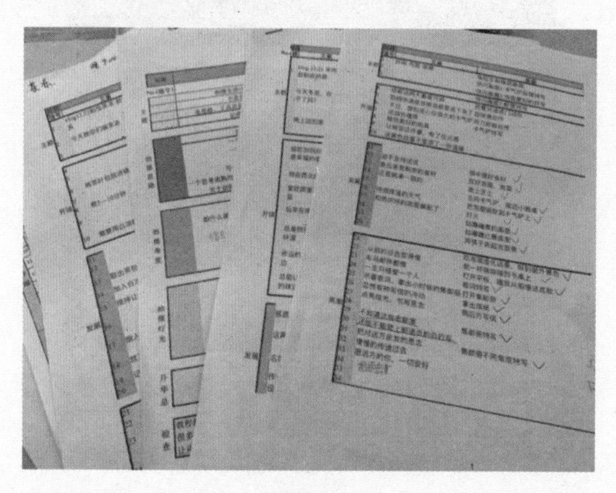

拍摄脚本

2. 根据脚本搭建拍摄场景，准备拍摄所需要的道具

因为生活 Vlog 在大多数情况下是想要传达一种精致生活的理念，所以，为了让所拍摄的环境更加精致化，在摆放物品以及颜色搭配方面就会有更高的要求。

有时，我们可以看一些知名博主拍摄的生活 Vlog，他们会在视频中分享一些高颜值的摆件，不妨买回来试试，时间久了，我们也可以去发现美好的事物，然后用拍摄出来的 Vlog 把这些精美的物品传递出去。

我想这也是大家都喜欢看生活 Vlog 的原因吧，就像一个试物平台，以前只能通过图片看到某样物品，现在可以真切地看到物品被放置在博主家中的样子了。

“秋拾”拍摄的书桌日常视频截图

3. 根据环境特点进行配色

色彩可以使 Vlog 更丰富，更有深度，我们要认识到色彩的重要性。要知道，色彩给予人们的即时愉悦或许超过了其他任何一种视觉要素，我们对色彩的反应并非纯粹视觉上的，它也是心理上的反应。

相比形状，色彩能更快地吸引我们的视线，例如，当我浏览一本带彩色插图的书时，总会先看彩色插图，而且比看黑白插图的次数更频繁。

色彩是一种普遍适用的语言，它对未受过教育的和具有较高文化修养的人，对儿童和成人，具有同样的吸引力。

了解色彩的重要性后，我们就要在平时拍摄时，根据拍摄场地的不同，选择为人物搭配不同风格、不同颜色的服装。

不同环境搭配不同风格的服装

在大卫·林奇的电影《穆赫兰道》中，亮与暗、热与冷的色彩搭配形成强烈的视觉冲击。

电影《穆赫兰道》剧照

纳奥米（上图右侧人物）有一头浅色的头发，穿着冷色的衣服，戴着白色的珍珠项链，涂着柔和的口红，而劳拉（左图左侧人物）则是一头黑发，穿着深红色的圆领衫，抹着更深的口红。

这里教大家一个小技巧，暖色是看起来前进的颜色，如红色、橙色、黄色和淡紫色；冷色则是后退色，如蓝色、绿色和米色。

暖色容易令人联想起火焰、太阳和落日；冷色容易联想起水和树荫。

暖色看上去似乎向前移动，而且物体看上去比实际更大，有更靠近摄像机的感觉。

总之，我们要不断了解色彩的特性，每一套服饰都要经过挑选，和某种特定的情调相匹配，这样才能让拍出来的视频具有高级感。

7.1.2 确保环境光线充足，拍出高品质画面

前期脚本和场景布置准备好后，就要考虑拍摄场地的光线问题了，毕竟摄影就是和光线打交道的过程，在拍摄过程中，控制好环境中的光线因素，就相当于掌握了摄影领域的高端技术，可以让你的视频作品实现质的飞跃。

在生活 Vlog 中会有一部分镜头是在室外取景的，那么首先来说一下室外的光线问题。

室外一般光线充足，我们拍摄的时候只需要考虑顺光还是逆光即可。在顺光环境中，即使是用手机拍摄，也能比较清晰地还原拍摄对象的整体，而且能够保持较高的色彩还原度，使整个视频看上去干净、明亮。

我们拍摄生活 Vlog 的时候，会选择拍一些空镜用来交代主人公所处的环境，例如，公园、咖啡厅、图书馆等。

交代拍摄环境

交代完环境后，如果需要人物出镜，在自然光线下，应该尽量利用前侧光，例如，每天早上 9 点到 10 点及下午的 3 点到 4 点，阳光为前侧光，也就是我们常说的“斜射光”，太阳在被摄者正前方 45° 左右的位置。前侧光具有产生光影排列的特性，充分利用前侧光来拍摄，可以使拍摄出的人物更具立体感和较好的质感。

但是，在生活 Vlog 中，为了呈现一种充满浪漫、温馨和治愈感的画面，有时会用到逆光拍摄，从专业角度讲，逆光能够增强视频的视觉冲击力，加大暗部的比例，一些细节被阴影覆盖，因此被摄者或物的受光面积相对较小，从而能够产生线条简洁、轮廓分明的画面。

所以，采用逆光拍摄的视频具有比较强的表现力，能够展现完全不同的艺术效果。例如，我们让人物背对着太阳进行逆光拍摄，就可以形成漂亮的轮廓光。在生活 Vlog 中比较常见的拍摄是让人物伸出手遮挡太阳，并让阳光透过指缝，形成漂亮的轮廓光。

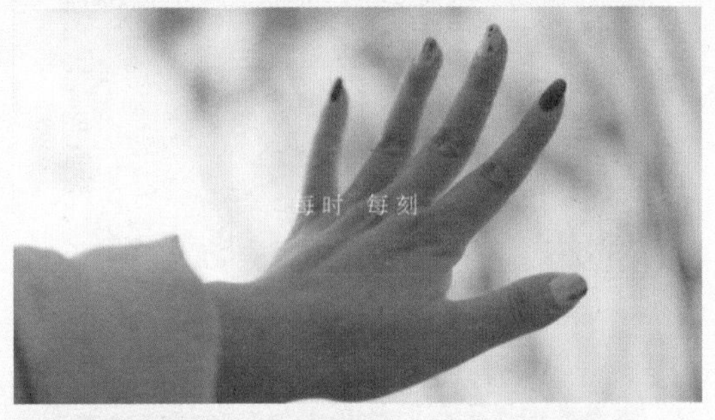

逆光拍摄

除了用手遮挡，还可以利用花朵等来遮挡阳光，拍摄一段唯美的空镜，这样的拍摄使花朵周围形成轮廓光，让整个画面更具立体感。

以花朵或树叶作为前景

不过，拍摄侧逆光的视频，首先要注意拍摄时间，因为光线的强弱、明暗等都会影响画面的氛围，我们应该尽量选择阳光比较柔和的时间段来拍摄，否则逆光拍摄，如果对焦和曝光不恰当就会使人物处于黑暗中，根本无法看清。

相对于室外的取景，生活 Vlog 的拍摄重点其实是在室内，那么室内的光线应该如何把握呢?

相对于电影中复杂的灯光布置来说，大部分短视频的布光要求都不高，一般来说，三灯布光法就完全够用了。

三灯指的是主灯、辅灯、轮廓灯，当然，并不是每次都必须用到这三种灯，还要根据具体情况来增减。

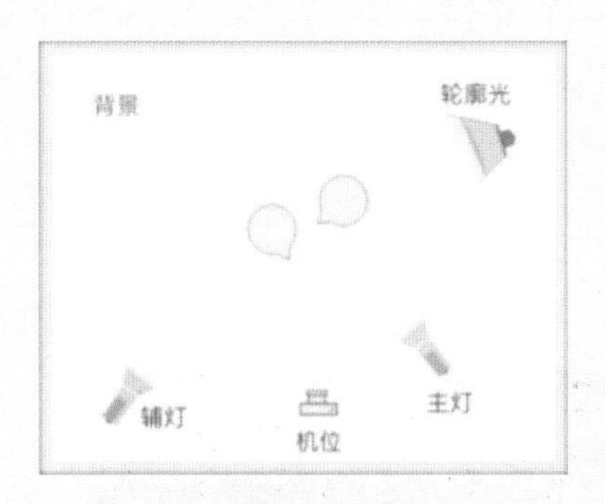

三灯布光法

主灯提供拍摄时的主光，通常用柔光箱，放在被摄者的侧前方，也就是在主体与摄像机之间的 45~90° 范围内。

有时，室内光线比较昏暗，除主灯外，还需要用到辅灯来补光。辅灯的亮度比主光要小，通常放在与主光相反的地方，那些没被主灯覆盖的暗部就靠辅灯来提亮了。一般来说，辅灯的距离要比主灯远一些，光亮度要比主灯弱一些。

如果，拍摄的 Vlog 中需要人物出镜，为了增强画面的层次感和纵深感，还可以用到轮廓光，轮廓光的本质其实就是修饰，一般用来打亮人体的头发和肩膀等部位，轮廓光的位置大致在被摄者后侧，与主光相对。

例如，我们要录制人物坐在那里说话的场景，打了轮廓光和没打轮廓光的区别就比较明显。例如，我拍摄的《中餐厅》林述巍主厨的采访视频时，打了轮廓光后的视觉效果就非常棒。

轮廓光放在与主光相对的位置

打轮廓光的效果

其实，在拍摄室内的生活 Vlog 时，如果你只有一个主灯也没问题，还可以利用一些道具灯来进行临时补光，例如台灯、装饰用的星星灯等，这些灯不止能起到补光的作用，还能烘托氛围，增强仪式感，所以，也成为许多生活 Vlog 博主惯用的补光方法。

利用星星灯或蜡烛补光

这里再分享一个应急补光的小技巧，我们在拍摄 Vlog 时，如果没有专业的补光灯，可以用以下的方法来应急。

我们可以打开手机的手电筒功能，将手机放置在被摄者的背光一侧，注意距离不能太近，这样拍摄出来的视频前后对比还是能明显看出补光效果的。那么，如果连手机补光都做不到该怎么办，例如，拍生活 Vlog 的很多独居女孩都是自己一个人拍摄视频，当她们要用手机拍摄，又没有多余的手机来补光的时候，还有一个方法可以应急，那就是一张 A4 纸。把一张 A4 纸像下图所示那样折叠后放置在背光的一侧，也能够达到补光的效果。

补光小技巧

补光小技巧（续）

总之，拍摄是一门光影的艺术，如果想让你的 Vlog 呈现更好的质感，充足的光线是必需的。

7.1.3 多机位架设拍摄，获取多角度场景片段

生活 Vlog 其实是一种很自由的个人展示方式，你可以选择出镜，也可以选择不出镜，你可以说话，也可以用文字来表达，也可以只配乐，甚至你可以只用原声。千万不要认为只有炫酷的转场、高端的器材、美丽的面庞才可以拍出优质的生活 Vlog，这些绝对不是必要因素，但是想要拍出令人产生观看欲望的好视频，还是需要琢磨一下拍摄方式的。

生活 Vlog 一般有几种常用的拍摄方法，有按照时间线来拍摄的，例如，记录一个独居女孩儿精致生活的一天，从早上起床开始拍摄，要分别拍摄起床、洗漱、做早餐、吃早餐，然后分享学习或办公的日常，接下来分享晚上回家后锻炼身体、阅读以及看电影的画面。这些画面，如果我们采用同一个角度拍摄，最后剪辑出来的视频就太枯燥无味了，但如果我们采用多机位选取不同角度拍摄，就会让视频更灵动，观众有了观看下去的欲望。

除了按时间线的方式记录，还可以分主题来拍摄。例如，我之前所说的“书桌学习”主题、“阅读”主题、“手账”主题等，如果你擅长写手账，就可以分享一些自己的日常手账生活 Vlog。

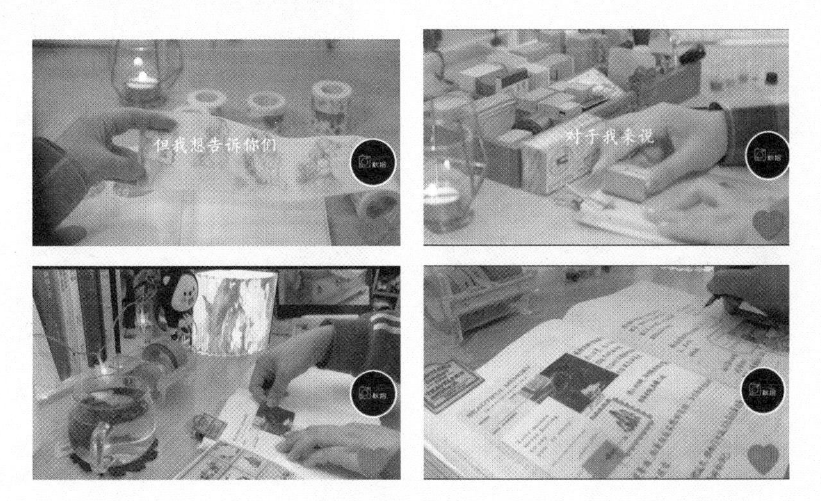

手账主题Vlog

如果你喜欢读书，那你就可以拍摄关于阅读主题的 Vlog。

阅读主题Vlog

还有，如果你喜欢露营，还可以分享关于露营的 Vlog。我之前还在 Vlog 中专门分享过如何用更多不同的分镜头来诠释露营 Vlog 的画面。

就拿我们在露营时冲泡咖啡这件事来说，就采用了多个角度、多个景别进行拍摄。

第一个镜头，先用中景或全景来交代人物所处的大环境。

第一个镜头用中景或全景拍摄

第二个镜头，用近景平移拍摄一个打开咖啡罐的镜头。

第二个镜头用近景拍摄

第三个镜头，俯拍一个咖啡豆倒入研磨器中的特写镜头。

第三个镜头用特写拍摄

第四个镜头，继续变换角度展现倒出咖啡的画面。

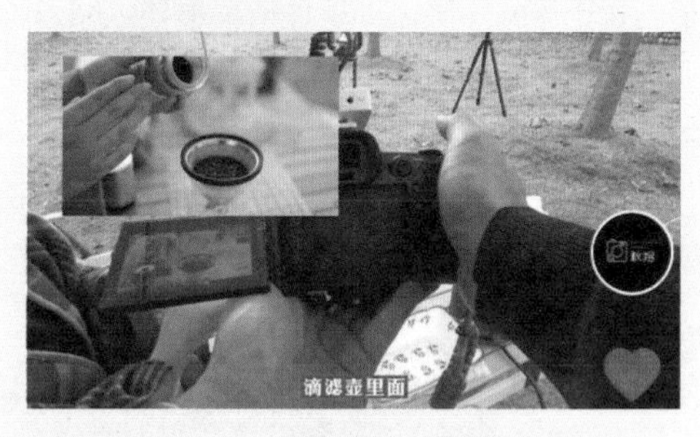

第四个镜头变换角度拍特写

第五个镜头，拍摄接水的镜头。

第五个镜头用近景拍摄

第六个镜头，拍摄插电、烧水的一系列画面，从不同的角度、不同的景别来展示。

第六个镜头用多角度拍摄

第七个镜头，用中景拍摄倒水冲咖啡的画面。

第七个镜头用中景拍摄

第八个镜头，用特写来拍摄咖啡焖煮的画面。

第八个镜头用特写拍摄

第九个镜头，变换角度，给杯子内部来个特写画面。

第九个镜头变换角度拍摄特写

第十个镜头，寻找前景，给滴漏壶一个近景镜头。

第十个镜头用前景遮挡拍摄近景

第十一个镜头，拍摄咖啡倒入杯中的特写镜头。

第十一个镜头拍特写

第十二个镜头，用中景拍摄喝咖啡的镜头。

第十二个镜头用中景拍摄

简简单单记录一个冲泡咖啡的过程，就需要多个角度、多种景别配合呈现，平时我们在记录生活琐碎日常的时候，也要多尝试多角度拍摄。相信，随着拍摄次数的增多，你一定会拍出令自己回忆满满，又令观众赏心悦目的 Vlog。

7.1.4 人物出镜，尽量保持自然状态

我们在拍摄生活 Vlog 的时候，有一些拍摄是需要人物出镜的，例如，有些记录美食制作的博主就会选择让自己出镜，还有一些探店类的、干货分享类的视频，也需要人物出镜。

那么拍摄这种人物出镜的 Vlog 需要注意些什么呢?

有些人会说，那肯定是要长得漂亮、身材好才能出镜，但我想说的是，这些都不是必要条件。我们拍摄下来的视频，代表着生活的记录，代表着某种特殊的含义，我们不是拍摄电影电视剧，我们的生活都很平凡，我们的长相也很普通，我们想要表达的只是大多数人能够产生共鸣的小而幸福的生活记忆。

所以，当拍摄人物出镜的 Vlog 时，保持自然、舒适的状态才是必要条件。

当我们看一部影片时，会时不时评论一个演员的演技好坏，我们评判的标准是他的颜值吗?当然不是，颜值充其量是一个加分项，如果非要说长相好的演员演技好，那也是典型的“三观跟着五官跑”的个别现象。我评价一个演员演技好，通常会用到“演得真实”“看不出是演的”之类的话语，这就说明，真实是人物表达所思所想的一个相当重要的评判标准。

回到我们拍摄 Vlog 上，人物虽然不需要特别精湛的演技，但做到自然、不做作是最基本的要求。但平凡的我们如何做到面对镜头还能保持自然状态呢? 那就只有靠平时多拍多练了，当我们第一次出镜时，面对镜头难免会觉得怪怪的，此时，要努力让自己适应，可以事先练习在镜头前要说的话，然后录下来，通过回看发现问题并及时改正，随着练习次数的增多，再当镜头对准你的时候，就没那么紧张了。

7.2 生活场景素材的剪辑和重组

7.2.1 根据主题和故事线整理素材

我们拍摄的日常生活的视频素材通常比较繁杂，如果只是把拍好的起床、洗漱、吃早餐等堆砌在一起，这种没有主题的日常 Vlog 就不会吸引人，很少有人喜欢看。

当然也有人愿意观看你琐碎的日常，这是有前提的，要么你长得特别漂亮，要么你是明星，要么你已经积累了足够多的粉丝，是你的粉丝对你的日常生活感兴趣，否则，谁会对你的日常生活提起兴趣呢?

所以，我们在剪辑的时候就要突出拍摄的主题，例如，今天要拍一期周末观影写手账为主题的 Vlog，那么在整理素材的时候，就要按照主题或提前设计好的故事线来编排。

7.2.2 剪辑素材片段

通过主题和故事线整理完素材后，基本上已经把没用的或拍坏的素材都删除了，现在就可以把剩下的素材全部导入剪辑软件中进行顺片和粗剪了。我们先把素材从头到尾看一遍，在每一组镜头中找出一个“关键镜头”。

这个找“关键镜头”的方法有利于你通过几组关键镜头进而发现每组镜头之间的排序灵感。

著名剪辑大师沃尔特·默奇曾经分享过自己的剪辑习惯，他会把一组素材中的最具代表性的画面冲印出来，然后挂在墙上，冲印出来的照片更利于他发现平时被忽略的小细节，并且，每一组镜头中选出的代表性镜头全部挂在一面墙上后，它们之间的排列方式好像也能产生更多精彩

有趣的碰撞，在从左到右仔细打量照片的同时，你脑海中的剪辑思路会更加明晰，说不定还会有意外的收获。

除了“关键镜头”，在我们看素材进行选择时，通常会形成一个固定的看法，例如拍摄一段素材时觉得自己的构图不好，这样的想法会令我们对这段素材产生“另类”的看法，觉得它就是一段无法使用的素材，可是，有很多次，就是一开始认为无法使用的素材，到最后“救了我们的命”。

所以，在剪辑素材的时候，尽量多看几遍，按照自己的第一想法去粗剪，在时间允许的情况下，可以隔几天再重新看一遍，以新的眼光重新审视所有的素材，你可能会看到不同的东西。

许多日常生活 Vlog 都有博主自己出镜的镜头，这些博主会在视频中说话，例如“今天我收到了很多的快递，快跟我一起看看这段时间都买了些什么吧！”“今天我都去了这些地方……”

“俊晖JAN”拍摄的Vlog视频截图

有人物出镜的镜头被称作 Aroll，是一段视频中比较重要的部分，一般出现在视频的开头部分，例如博主出镜跟大家说：“今天我要去逛一家书店，快跟我来吧！”说完这样的话后，镜头就会切换至书店的画面，带着大家观看书店里的景象，这种拍自己以外的镜头，被称作 Broll。

书店的Broll画面，图片来自@jackiesheshares

Aroll 和 Broll 的穿插衔接。想要拍好一段代入感比较强烈的生活 Vlog，Aroll 镜头和 Broll 镜头的穿插使用是必不可少的，并且，我们要记住，Aroll 镜头一定要多于 Broll 镜头。既然选择人物入镜的方式拍摄，那么大部分时间都应该来展现人物说话、做事的镜头，而只用小部分的镜头拍场景、拍别人。因为，入镜的人物才是这个视频的主人公，大家想要看到的，也是这个人物的日常生活。

7.3 修饰视频画面

生活 Vlog 跟其他风格的视频不太一样，观看生活 Vlog 的观众对这一类视频的质量要求非常高，他们观看这类视频大概率都是因为想要通过美好的画面来治愈自己的心灵，这也决定了生活 Vlog 对视频画面的修饰必不可少。

7.3.1 改善画面的颜色

从色系上来分类，生活 Vlog 视频大致可以分为两大系列，即色彩清新淡雅的日韩系和色彩浓厚的欧美系。近几年，日韩系风格的生活 Vlog 越来越受年轻一族的喜爱，因为看到这样的视频会让人联想到一些关键词，如治愈、文艺、唯美、清新、自然等，这类视频被称作“小清新”，因为它整体给人一种很清新的感觉，就像夏天的可乐，空气中的茉莉花香一样沁人心脾。

想要得到清新自然的画面，在后期调色时，就要拉低整个画面的饱和度，稍微增加一些白色，或者使用许多的剪辑软件中提供的“小清新”滤镜。

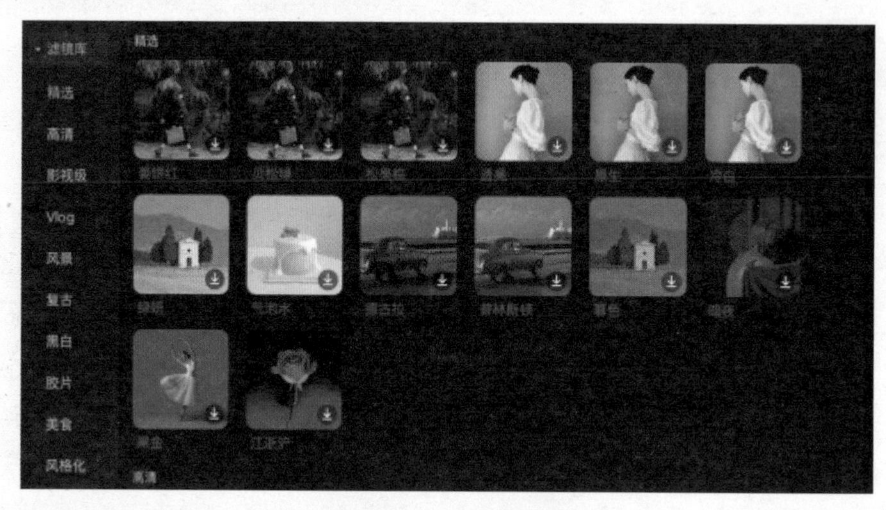

剪映提供的小清新风格滤镜

如果想自己调色，以下给出小清新调色的参数，可供参考。

小清新风格参数

其实，在后期调色的时候，大家可以通过多实践来慢慢调出令自己满意的颜色，毕竟，一万个人心中有一万个“哈姆雷特”。

与日韩系“小清新”风格相反的欧美系，色彩的饱和度通常比较高，给人一种艳丽的感觉，这可能与欧美人外向、奔放、自由的性格有关，他们更希望通过色彩来表达自我，因为色彩是很具有攻击性的。

欧美系 Vlog 的亮度通常比较低，整个画面给人的感觉略显压抑，充满一种忧郁的气息，画面都有那么一点儿“胶片”的味道，给人一种陈旧的感觉。

欧美系Vlog调色风格

那么，如何才能调出欧美风格的 Vlog 画面呢？首先要适当降低画面的亮度；其次，需要提高对比度，这样可以增强画面的色彩表现力；最后通过 HSL 调色器，将红色压低，为画面增加青色。

欧美风格的 Vlog 比较偏好非自然色彩，也就是通常要把绿色转换为黄色，将青色转换为紫色，所以，我们在调色的时候，就要用到 HSL 功能。

HSL 是色相、饱和度、明度的简称。

色相，就是把一种颜色转换为另一种颜色。

饱和度，就是颜色的鲜艳程度，是指强烈而且没有掺杂其他色相的颜色，要多纯有多纯，白色和黑色都是强度最高的饱和色彩。饱和的或高强度的红色就是纯红色，如果饱和的红色更暗一些，就变成了红色的一种深色，彩度就降低了，当一种色彩强度降低时，就称为“不饱和的色彩”。

明度：就是色彩的亮度，指色彩中亮与暗的比例，白色是人眼所能感知的最亮的颜色，而黑色是人眼所能感知的最暗的颜色。明度是一个相对的概念，因为我们通常将一个有色表面与色彩的标准值进行比较，这个标准值就是色环上的某个位置，我们在此可以找到这个标准色彩。

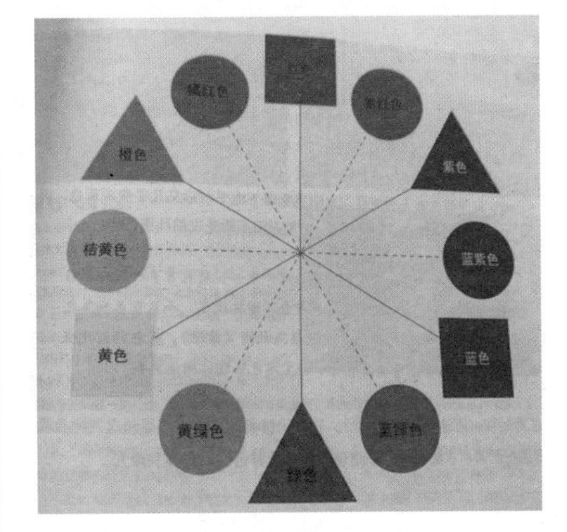

色环

任何一种比标准明度更亮的都是浅色，更暗的是深色。一般而言，我们在为欧美风格的 Vlog 视频调色的时候，都需要调低饱和度和明度，以营造沉稳的画面氛围。

调色前

调色后

对 Vlog 视频进行调色，不仅能够修饰拍摄的视频画面，还决定着整个视频所呈现的基调，所以，一定要认真对待。

7.3.2　添加可爱的贴纸元素

动画贴纸是如今许多视频编辑软件中都具备的功能，通过在视频画面上添加不同类型的贴纸，可以让视频画面看上去更加生动、酷炫。我们可以给拍摄的小清新 Vlog 视频加上一些可爱的贴纸作为装饰，添加贴纸的方式有很多种，例如很多剪辑软件中都会自带许多不同风格的贴纸供你选择使用，例如，剪映中就有很多种贴纸。

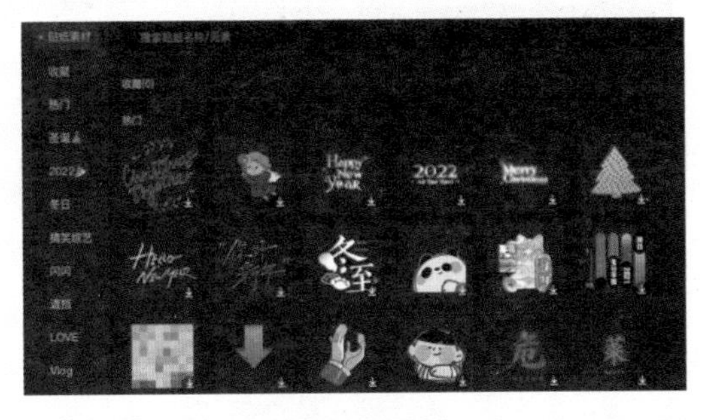
剪映的贴纸素材

在剪映中，单击视频下方工具栏中的“贴纸”按钮，选择一款喜欢的贴纸样式，该贴纸就会出现在视频画面的预览区，同时可以调整贴纸的大小和位置。

添加贴纸

除了剪辑软件，我们还可以使用一些贴纸元素比较多的软件下载贴纸，例如平时我使用比较多的《黄油相机》和《Nichi日常》等，这些软件不但可以下载好看的贴纸元素，还能用来制作Vlog的开头和片尾图片。例如，我们现在要设计Vlog的封面，以抖音平台为例，适合的竖版封面比例是9:16，具体的操作方法如下。

01 打开《黄油相机》App，单击主界面下方的“选择照片”按钮。

《黄油相机》App界面

02 打开手机的相册，选择需要导入的照片素材，可以是照片，也可以是视频截图。

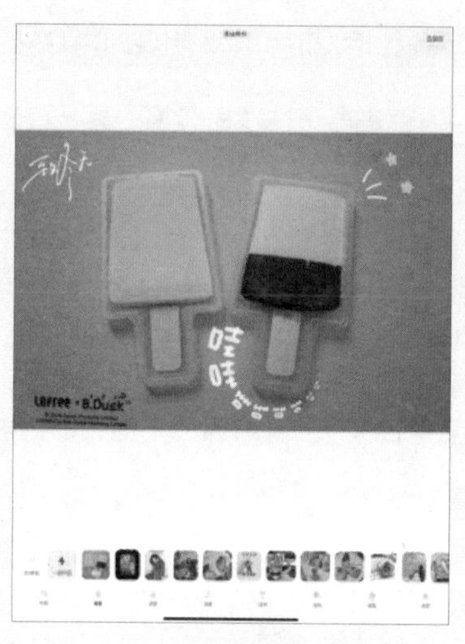

导入素材

03 进入照片的编辑界面，单击下方的“布局”按钮，在弹出的菜单中单击“画布比”按钮。

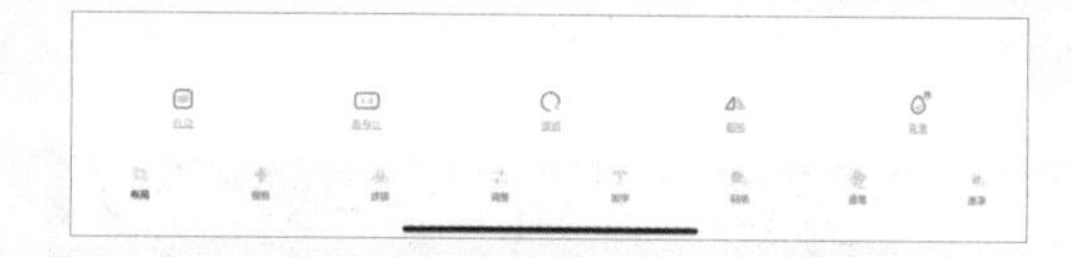

编辑界面

04 这里提供了多种照片的裁剪比例，选择抖音平台要求的竖版9:16，按比例裁剪好画面后，单击右下角的√按钮。

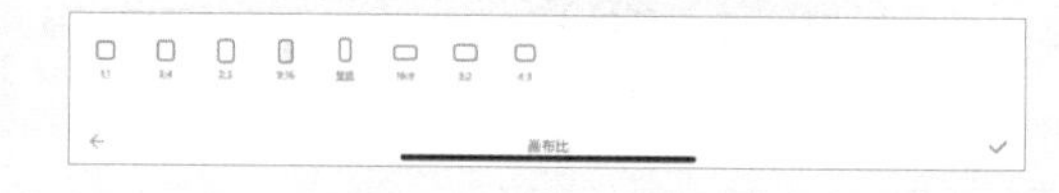

裁剪比例选择界面

05 裁剪照片后，需要添加一些文字和贴纸来进行装饰。单击下方的“贴纸”按钮，再单击“添加”按钮。

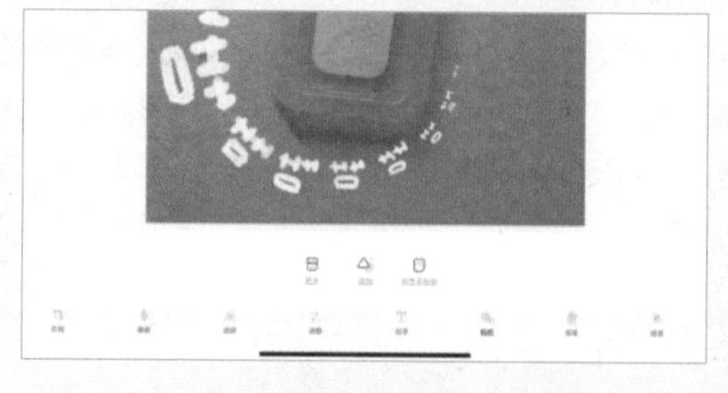

“贴纸”按钮

06 选择一款贴纸。

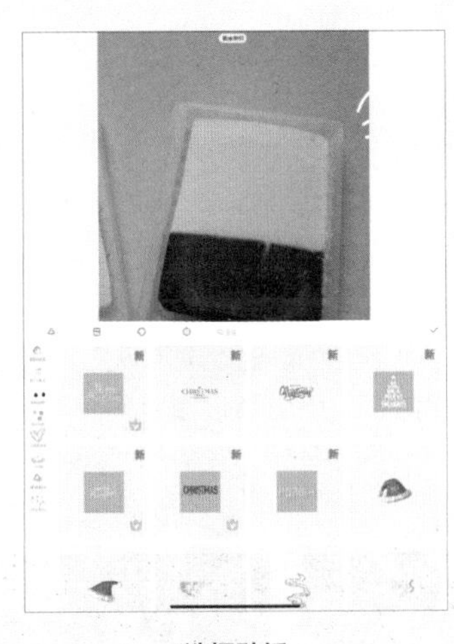

选择贴纸

07 将该贴纸移至封面合适的位置，即可完成添加操作，效果如下图所示。

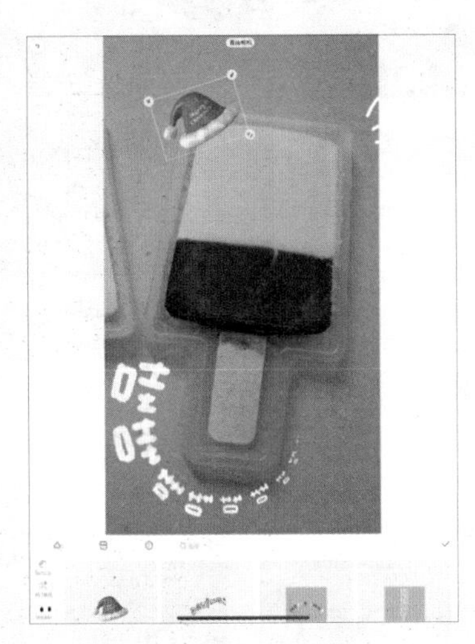

调整贴纸位置和大小

7.3.3 录制旁白

生活 Vlog 的声音有很多种呈现方式，有人物出镜直接介绍的形式，也有配轻音乐然后加字幕呈现的形式，还有录制旁白的形式。前两种比较容易实现，但是提起录制旁白，很多人都会觉得，好不容易拍一个很高级的视频，但是自己声音条件不好，录制的旁白很不专业也不好听。

首先，我们要搞清你录制旁白效果不好的根源是什么？播音或者说配音是一门语言的艺术，所以说它是高于生活又源自生活的语言，高级的播音是不留痕迹的，之所以高级是因为好的旁白就是好的声音和信息的“服务员”。

很多问题就出在很多 Vlog 博主是非专业播音，但总要故作所谓的播音腔去朗读这个旁白，这的确是看似高于生活了，但恰恰却远离了语言的本质——传递信息、传递真情实感。这也导致了旁白总是感觉很做作、很奇怪。那么该如何来解决呢？有几个方法或许可以帮助你。

1. 找对象感

非专业的人士只需要保持用真实的情感去传递你视频中所要表达的信息即可，千万不要受到技术层面的束缚，也就是不要拿腔拿调。例如，字音读不准是没有关系的，不要刻意地咬字，因为这样录出来的声音就显得很做作。

你脑海里多想想要录制的内容，把那种情感如实地表达出来即可。例如，你录制一段毕业后独自一人来到北京闯荡的旁白，就要把自己的感受带入当时的处境，想象着你在与一个朋友分享自己的生活。

2. 语流像小鱼游泳

旁白的语流，要找到小鱼在河流里游泳的感觉，这是什么意思呢？其实，这就类似视频剪辑的丝滑感，在专业播音语言中叫作“停连重音”“语气节奏”，整体来说，有一种起伏感。想象一下小鱼在游泳的感觉吧。

3. 用暖声

暖声的意思就是让气息包裹着你的声音说出来，而不是只用声音在干吼。说得直白一些，就是我们要让声音和气息各占一半，让你的声音发出来的时候是“热乎”的、“温暖”的。

4. 起床一小时后录音

最好选择在早上起床一小时后录音，因为，此时你的声带是最放松的。起床后，喝点水，和家人或朋友说几句话，就没有了刚起床的那种“被窝味”，这是一天音质最佳的时刻，这也就是为什么很多专业练声的人都会选择在早上练习的原因，声带的疲劳是不可逆的，只能通过睡眠来得到缓解和调节。

7.3.4 添加字幕

在影视作品中，字幕就是将语音内容以文字的方式显示在画面中的元素，由于观众在观看视频的时候，有时会难以集中注意力，所以需要用字幕来帮助观众更好地理解和接受视频内容。

对于 Vlog 来说，字幕的作用会更大，尤其对于那些没有语音只有背景音乐的生活 Vlog，非常需要添加字幕来表达创作者想要表达的内容。

1. 新建文本

添加字幕的方式有很多种，在剪辑软件中，单击视频素材底部工具栏中的“文本”按钮，在打开的选项中，单击“新建文本”按钮。此时将弹出输入文字的键盘，可以输入事先想好的文案，文字内容将同步显示在预览区域内，我们可以为文字调整字体、大小以及设置字间距等。

在剪映中添加文本的流程

2. 文字模板

除了新建文本，我们还可以套用软件自带的文字模板。

文字模板是一种文字设计样式，文字的字体、大小、颜色、位置等都已经设置好，只需要选择即可一键使用。

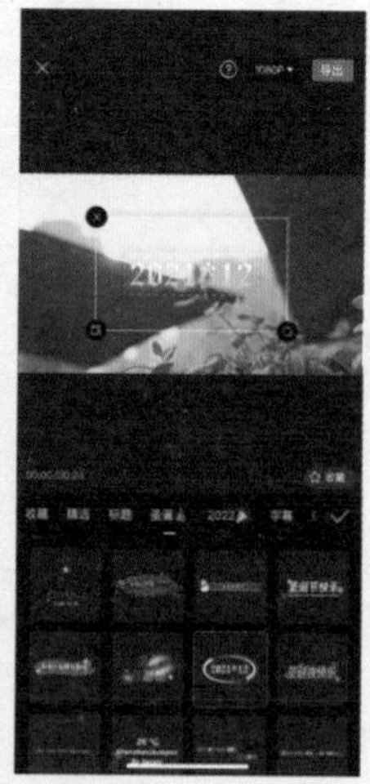

剪映中的文字模板

选中其中一种样式，文字效果就会显示在预览区域内，可以直接用这些文字，也可以进行简单的修改。

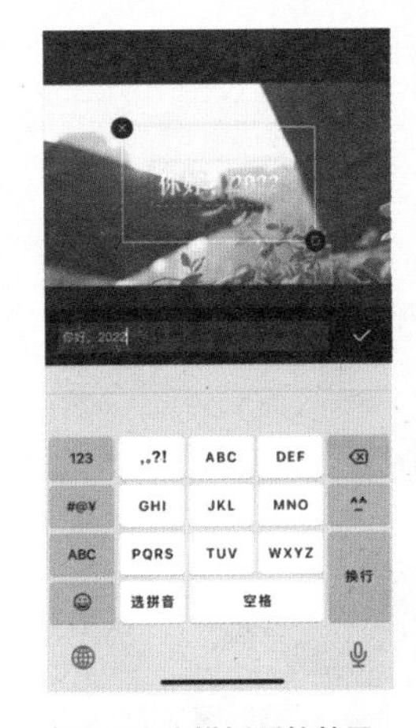

添加文字模板后的效果

3. 识别字幕和歌词

如果我们想在 Vlog 视频中显示自己录音的字幕，或者显示背景音乐的歌词，此时，我们不需要逐字去添加，可以使用识别字幕和歌词的功能完成。

当视频中有对话，或者大段的语音，我们就可以利用剪映内置的“识别字幕”功能来完成，该功能可以对视频中的语音进行智能识别，然后自动转化为字幕。通过该功能，可以快速且轻松地完成字幕的添加工作，节省大量工作时间。

添加一段带有音频的视频素材后，单击底部工具栏中的“文字”按钮，然后单击“识别字幕”按钮，在弹出的对话框中单击“开始识别”按钮，识别完成后，在上方的轨道区域将生成字幕素材。

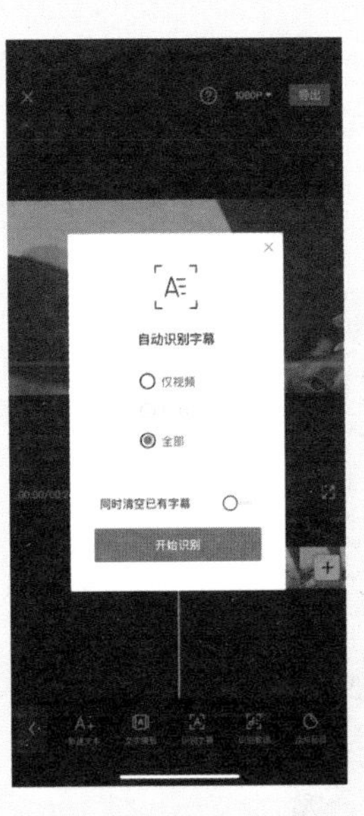

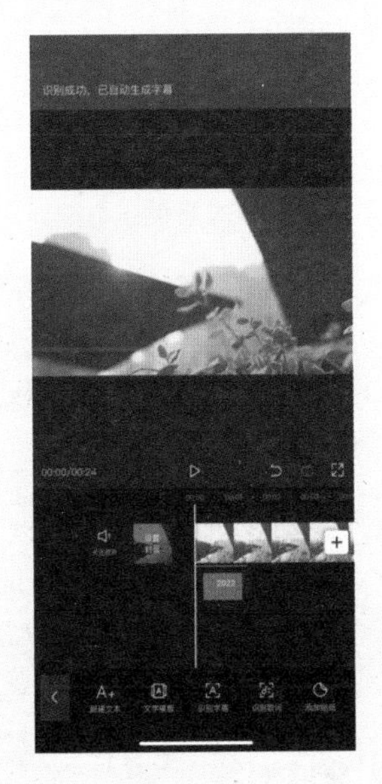

剪映字幕自动识别功能

我们可以选中字幕素材，对文字进行各种编辑操作，包括添加样式、花字、贴纸、气泡等。如果想在视频中添加背景音乐的歌词字幕，那么就可以用剪映中的“识别歌词”功能。

单击视频素材底部工具栏中的“音频”按钮，然后单击“音乐”按钮，进入音乐素材库后，选择一段背景音乐并添加到视频中。单击底部工具栏中的“文字”按钮，打开文本选项栏，单击其中的“识别歌词”按钮，在弹出的对话框中单击“开始识别”按钮，等待识别完成后，将在轨道区域内生成多段文字素材，而且，这些文字会自动匹配音乐的时间点。

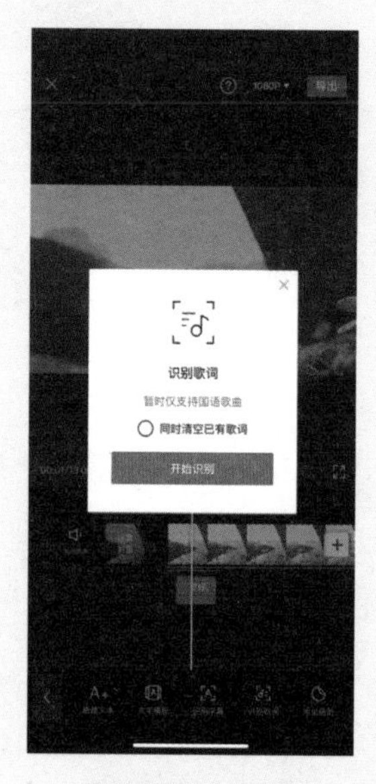

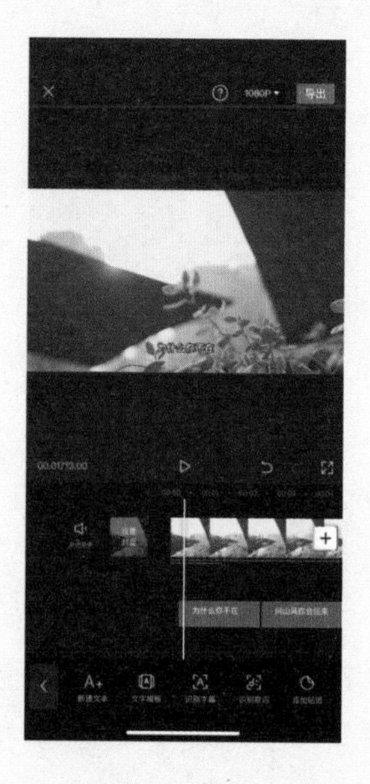

剪映歌词识别功能

在识别字幕和识别歌词的过程中，会出现少量的多音字或英文缩写等识别错误的情况，我们只需要单独更正即可。

而且，剪映专业版更新之后，对字幕可以进行批量替换和修改，不仅如此，还支持字幕一键换行的操作，用起来很方便。

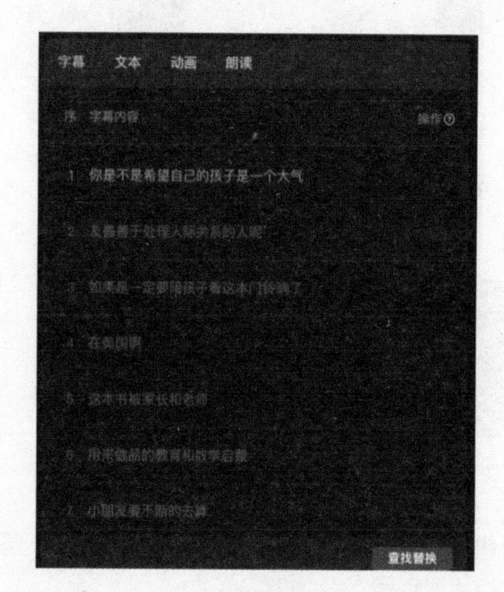

字幕一键换行

7.3.5 添加背景音乐及音效

生活 Vlog 的背景音乐至关重要，因为很多人的 Vlog 中没有旁白和对话，拍出来的视频都需要用背景音乐来烘托气氛，此时，就需要启用之前就反复提及的“素材库”了。如果我们经常观看其他博主的 Vlog，听到比较喜欢的背景音乐，就可以收藏进自己的素材库，然后通过找到相似风格的曲目来不断扩充属于自己的素材库。

夜晚的城市BGM
升格BGM 产品展示
展示BGM
旅拍长视频BGM
婚礼BGM
藏区BGM
白噪声
优雅BGM
vlog
雨天BGM
数码产品展示BGM

音乐素材库

除了背景音乐，生活 Vlog 中还有一个重要的元素——音效。

之前在说美食 Vlog 的时候讲过添加音效的方法，这里就不赘述了。现在的剪辑软件中也基本涵盖了日常生活中常用的音效，再加上平时收集的音效包，足以应付我们日常拍摄的需求了。

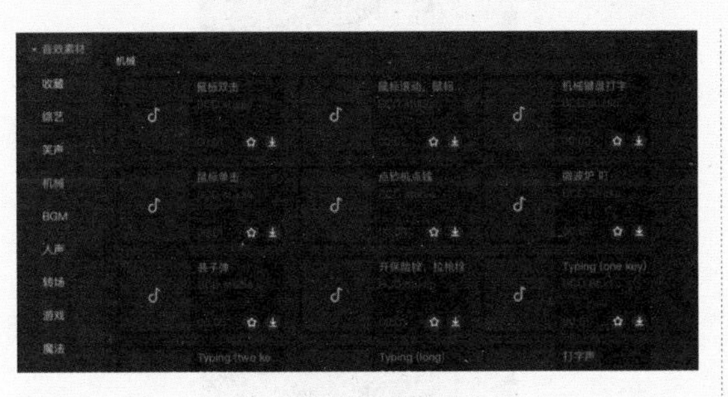

剪映音效素材

7.3.6 制作引流片尾

开头和结尾是 Vlog 中不可或缺的组成部分，一个好的开头能够吸引观众继续观看你的视频，而好的片尾，能够帮你留住观众，让他们持续关注你。所以，做一个能够为你引流的片尾是非常有必要的。

下面举例说明如何制作引流文字信息。

01 将时间线移至视频的结尾处。

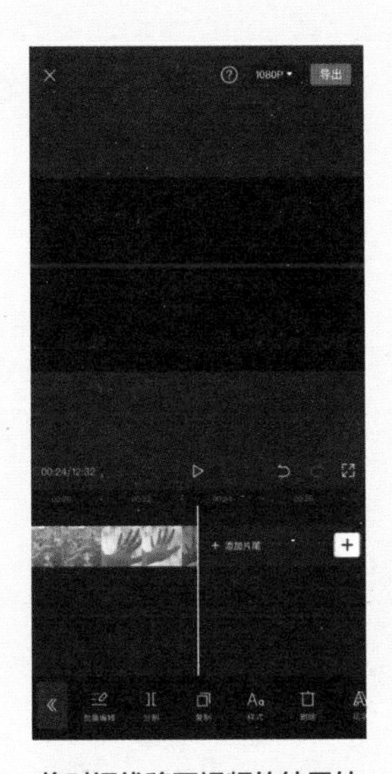

将时间线移至视频的结尾处

02 单击 + 按钮，添加一张纯黑色图片。

添加素材背景

03 单击“文字”按钮，再单击“新建文本”按钮。

04 进入文字编辑界面后，在窗口中输入想要引流的内容，例如“记得关注点赞转发”。

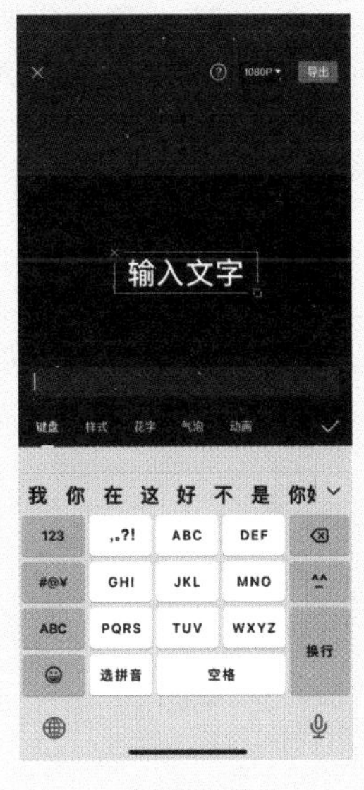

添加文本

05 设置文本的字体、格式、大小和位置信息后，单击“导出”按钮保存。

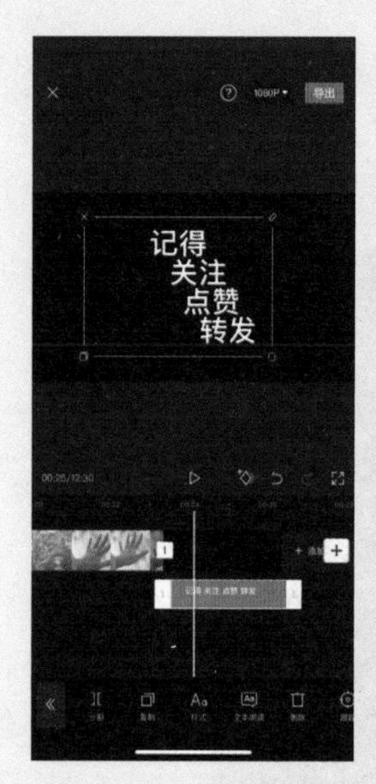

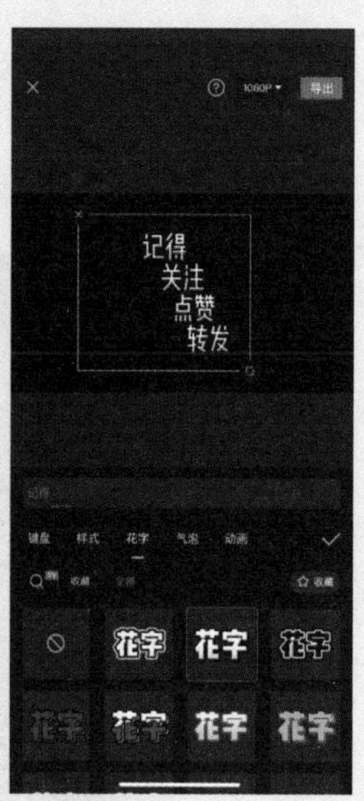

输入文件修改格式

7.3.7 导出成片

制作好片尾后，我们可以再观看几遍视频，觉得没有问题后，就可以导出视频了。

为了更好地展示视频，在导出视频前需要先设置一下各项导出参数，以保证视频画面的清晰度。

打开剪映，进入视频编辑的界面，单击视频右上角的 1080P 按钮，并设置相关的参数，然后单击“导出”按钮，导出视频即可。

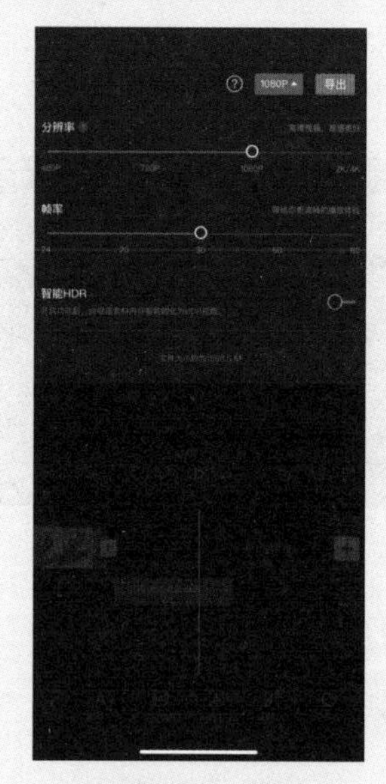

选择视频导出参数

认真记录自己的生活，把它们保存起来，你会发现自己的人生将变得更加美好，我相信每个拍摄生活 Vlog 的人，在这个过程中所得到的乐趣一定是不尽相同的，如果说我得到的是对生活的热爱，并练就了一双善于发现美好的眼睛，那你们得到的又会是什么呢?

我真的很好奇，你们所拍摄出的生活 Vlog，是不是和我的截然不同，又殊途同归呢?

第8章

作品发布

——让Vlog为你赚钱

多平台发布

封面设计

吸引人的Vlog封面

文字和排版

好标题

好奇心

危机感

认同感

热点

发布平台

抖音

快手

视频号

哔哩哔哩

西瓜视频

赚钱方式

咨询

直播

广告

电商

流量

本书提到的视频都是指公开的视频，而非私密视频。

记得在儿时，父母手里会拿着一个老式的 DV 为我们拍摄家庭短片，那些短片被存在陈旧的计算机中，代表着我们儿时最美的回忆，这是我们家庭的私密视频，没有被发布在网上，没有被更多的人看到。

如今，我们拿着价格昂贵的新款相机为孩子拍摄家庭短片，这些短片被上传到了社交平台，这是一段公开的视频，被无数人看到。

而为什么要强调这里所说的视频必须是公开视频呢？因为公开是有力量的。

一旦视频被公开，你就会考量你的拍摄思路、拍摄构图，甚至光线、道具、衣着，统统都会比私密视频更精细，这就是公开的力量。借助公开的力量，你可以提高自己的拍摄水平和拍摄技巧，最重要的是公开视频可以借助外部激励，驱动你长期拍下去。

让更多人看到你的Vlog

什么是外部激励，这就是本章我要分享的 Vlog 发布和变现的内容。

8.1 怎样制作一个吸引人的 Vlog 封面

Vlog 的封面是展示给观众的第一面貌，它会影响观众是否点开 Vlog 观看，进而影响视频的播放量和影响力。所以 Vlog 的封面设计非常重要，往往需要展示视频的核心内容。

8.1.1 Vlog 封面有哪些形式

1. 视频截图类

视频截图类就是直接从 Vlog 中截图作为封面，一般还会加上一个简单的标题。这种封面的好处是从封面中就可以直接看到 Vlog 的风格和大致内容，能够快速吸引人眼球。

视频截图类封面

但如果截图不好就容易模糊，并且截图的画质不会太高，很容易影响观感。

2. 自拍照片类

这类封面直接用一张简单的自拍照作为 Vlog 的封面，自拍照片类是目前 Vlog 封面经常使用的类型，想要打造个人 IP 或者想强化个人 IP 的 Vlog 创作者，建议使用自己的照片作为封面。这样做的好处是，观众可以通过封面中的真人头像加深对人物的印象，拉近与粉丝之间的心理距离，适合有一定粉丝基础，自拍好看或有特点的人。

自拍照片类封面

但有一点要注意，如果使用这种方式，建议用心取一个好的标题，让观众可以更加了解你的 Vlog 内容，或者对 Vlog 的内容更加好奇。

3. 表情包类

以一个表情包搭配时下流行语作为 Vlog 封面，也是非常常见的方式。搞笑的表情包能够第一时间吸引观众，从而获取关注，并且表情包因为紧跟潮流热点，能够让观众眼前一亮，但如果经常使用一些已经“烂大街”的元素，不仅不能吸引观众，反而会引起反感。

表情包类封面

8.1.2 Vlog 封面设计注意事项

1. 避免使用纯文字，防止字体侵权

在这个版权意识逐渐增强的年代，我们必须注意自己制作的 Vlog 中的素材不能侵权。大家都知道图片、视频或者音乐都有版权，但很多人可能不知道其实字体也有版权。

查询字体是否侵权

在设计自己的封面，需要使用字体的时候，一定要注意字体版权的问题，有的个人可以使用，有的可以商用。在设计软件中使用的时候，要看清楚用途，避免惹来不必要的麻烦。

2. 保证画面整洁，重点突出

封面设计一定要“做减法”，做减法是一种技巧，让整个画面看起来有视觉重心，把一些无关的干扰元素排除在外。很多人设计封面的时候有一个思路就是内容尽可能多，希望用展示的内容吸引更多的观众，其实这是一个误区，其实所有的东西都是重点就没有重点了。

突出重点，图片来自@影视飓风、@二麦科技

所以，在封面设计上，做减法是一个少犯错的好方法。

3. 图片完整清晰，符合平台要求

在上传图片之前，一定要看清楚各个平台对于图片尺寸的要求，也不要因为尺寸的裁剪让画面内容显示不完整，这样会很影响整个封面的专业程度。

图片完整清晰

另外，各个平台对于封面的图片也有一些提示和建议，参考这些提示建议会让你制作出的封面更符合平台特有的调性。

4. 封面与标题强关联，主题鲜明

封面中除了个人头像、表情、图片，标题

写什么？写多少字？也很有讲究。

如果标题字数较多，最好分行显示，并尽可能地突出其中的关键字。总之，多看看优质 Vlog 创作者的封面，总结他们封面的优缺点，这样才能更好地扬长避短。

5. 持续强化 IP 形象，保持个人风格

经过不断地摸索和尝试之后，我们基本上就可以找到自己满意的封面设计方式了，接下来我们要努力做好的就是强化自己的 IP 形象。经常去看优质 Vlog 创作者的主页，封面的统一感很强，这说明，确定方案后就不要轻易有较大的改变。

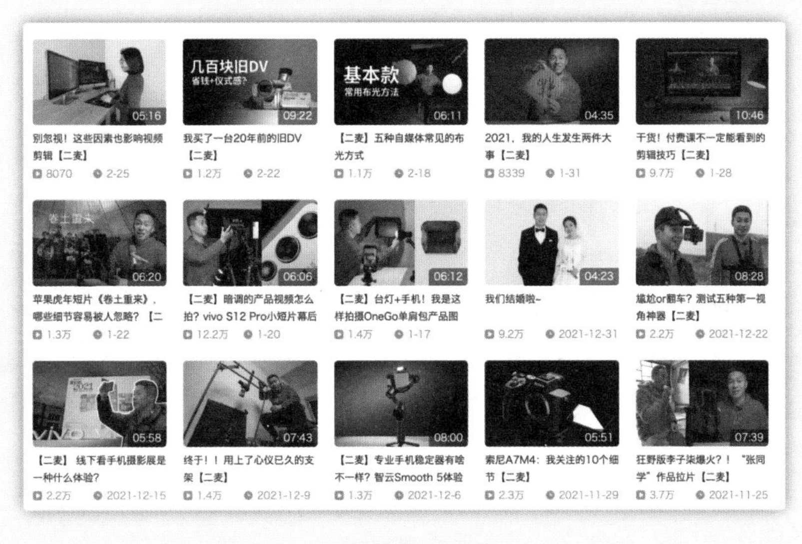

“二麦科技”的主页

不轻易改变的好处就是，粉丝一旦对你的某个作品感兴趣，会进你的主页看其他作品，当他进入主页看到设计统一、美观的封面时，印象分会增加不少，但是如果看到的是眼花缭乱的主页，你觉得他还会有点击其他作品的欲望吗？

所以，一个简洁且风格统一的视频封面在强化个人形象、增加粉丝黏度方面起着至关重要的作用。

8.1.3 多平台发布

如果你制作的 Vlog 视频是需要同步多平台发布的，那么就建议你不要偷懒，为不同的平台制作不同尺寸的封面并上传，否则很有可能出现图片不完整的情况。

1. 封面尺寸设置

Vlog 视频封面的尺寸会随着发布平台的不同而有略微的变化，平台常见的视频尺寸比例为 16:10，16:9，2.45:1 等。

2. 用软件制作封面

目前，有很多软件可以用来制作视频的封面，例如《黄油相机》《金山海报》等，还有许多的图片制作网站可以在线制作各种风格的视频封面。

接下来，我以《金山海报》为例，为大家介绍封面制作的流程。

因为抖音平台的视频分两种情况，横屏视频和竖屏视频。那么，我们先要确定上传的视频是横屏的还是竖屏的。确定好后，再来看封面的尺寸，横屏的封面尺寸比例为16:9，竖屏的尺寸比例为9:16。例如，我们要制作一个竖屏的视频封面，具体的操作如下。

01 打开WPS软件，在其中找到“金山海报”按钮并单击。

WPS操作界面

02 选择视频封面的模板，《金山海报》中提供了不同用途的多款模板，特别适合不会用Photoshop的人，我们可以选择“新媒体配图”，在这里有专门为视频封面设计的模板，分为竖版和横版，在选择时注意区分即可。

海报模板

03 挑选一个符合视频风格的模板，单击图片进入编辑页面。

04 编辑页面的左侧是工具栏。

模板

工具栏

05 单击“图片”按钮，就可以在其提供的素材库中选择所需要的图片样式，或者单击“上传”按钮，直接上传你提前拍摄好的图片，《金山海报》还提供了“抠图”功能。

上传图片

06 选择需要抠图的图片，然后单击左上方的“抠图”按钮。

抠图

07 图片上传完成后，可以进行文字的添加和修改，单击“文字”按钮。

添加文字

还可以给图片添加贴纸、边框等装饰，让封面更具吸引力。

添加贴纸

制作好视频封面后，单击“保存并下载”按钮，图片格式要选择平台所要求上传的格式，否则图片可能会因为格式不对而导致上传失败。

选择合适的格式

3. 将封面上传平台

这里以“抖音”平台为例，介绍封面上传到平台的方法。

打开计算机版抖音平台上传视频，上传视频后，即可看到有设置封面的选项。

如果选择“截取封面”选项卡，就会在视频中选取一个画面作为封面，除此之外，还可以上传刚刚已经做好的封面图片。

抖音平台封面上传界面

把事先制作好的封面上传后，单击“确定”按钮即可。

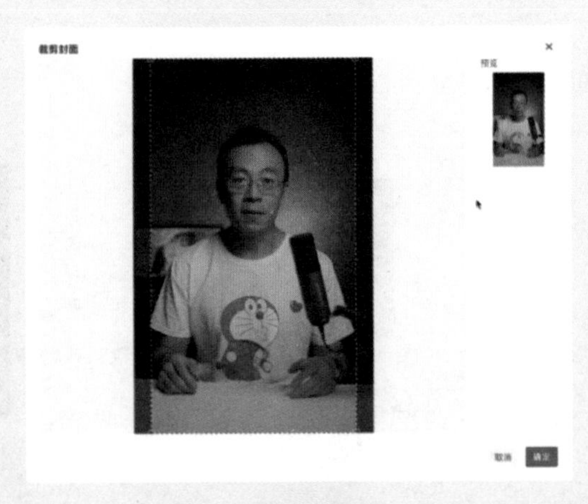

上传的封面

8.1.4 文字字体及排版方法

通常意义上的排版，就是处理文字和图片的位置关系，而视频是动态的图像，文字是出现在这个动态的图像中的，那么视频中的文字应该如何排版呢？

视频中的文字，最常见的应用就是标题。例如，旅拍类视频通常都会在开头的位置显示一个标题，标题文字讲究的是美观，有设计感和格调。通常情况下是居中显示的，但也可以不居中，而是根据画面的构图来进行调整的。

视频内容的类型不同，适合使用不同的字体。例如，航拍大片的标题推荐使用小号字体，并拉大字间距；文艺小清新的视频则推荐使用手写体。如果要使用主副标题，则一定要注意加大对比，可以使用不同的大小、粗细、字体进行区分。当然，也可以使用大号字来突出强调。

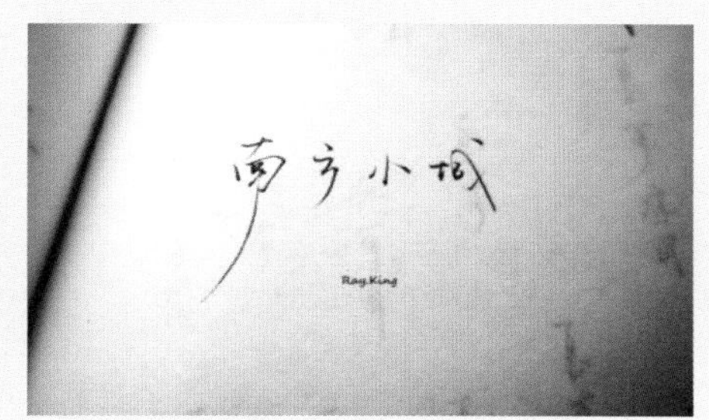

不同的标题

另外，为标题加入动态效果会更引人入胜，这里最常用的就是使用跟踪和遮罩，还有模仿手书写的字幕动画。总之，文字是为视频锦上添花的东西，千万不要因为文字的排版，让文字变得“画蛇添足”。

8.2 如何起一个好标题

我们在很多短视频平台上，经常发现有些视频看上去平淡无奇，但是点赞量却很高，这是为什么呢？其实，有很大一部分原因就在标题上。

我们千万不要小看了标题那区区几个字的威力，有些时候，它决定着你的这条视频能不能火。

我们来看一个案例。这是一段没有经过后期处理的视频，大多数素材是用手机拍摄的，画质也不清晰，简单地把一些生活中的琐事串在一起，该视频获赞 18 万次，光收藏就有 7.2 万次，如此高的点赞数，胜在标题给力——“大胆点生活，你没有那么多观众”。

如果标题是“来看看大家平时都在干嘛？”之类的，一定不会有现在这样的热度。

视频《大胆点生活，你没有那么多观众》截图

这个标题引起了大多数人的共鸣，有人在评论里回复：“其实你没那么多观众，束缚自己的是自己”。其实，为视频起一个好的标题，是有一定方法可循的。

8.2.1 标题要激发好奇心

好奇心是人类永恒的、不可改变的天性，每个人在面对未知的时候，都有强烈的好奇心。所以，我们在给视频起标题的时候，只要激发了观众的好奇心，让他们不点开看看就难受，那么，你的目的就达到了。

例如，你是一个给大家介绍好电影的博主，你为视频起的标题是“这个电影，我是跪着看完的”，观众就会好奇，到底是哪部影片有这么大的魔力?

再如，“今天去的这个地方，你敢带你男朋友去吗? ”观众就会好奇，到底是哪里? 为什么不能带男朋友去?

8.2.2 标题要激发认同感

刚才我提到的那个点赞 8 万次的视频的标题，就激发了观众的认同感，我们起的标题替观众表达出了最想说的心里话，表达出了观众最想表达的观点和态度，那么就会极大地激发他们的认同感。

人在选择观看视频的时候，一般都喜欢选择能够取悦自己的视频来看，因此，像“大胆点生活，你没有那么多观众”，还有“我这么努力，就是为了有说‘不’的权利”等激发认同感的标题，就会给你的视频带来非常大的流量。

“小鹿”的Vlog标题

我们试着自己起标题，然后让身边的人体会一下，如果看完这个标题，有一种“说到我心坎里去了”的感觉，那么视频的点击率就不会差。

8.2.3 标题要激发危机感

我们的标题不仅要取悦观众，还要适当地“刺激”一下他们。

平时我们在观看视频的时候，对于交通事故、地震、食品安全等内容，都会忍不住打开看看，为什么呢? 因为你感受到了威胁，这些就发生在身边的事情，让你体验到了危机感。

那么，如果起一个标题“一年加班 800 小时，被裁只用了 5 分钟”，相信很多在大城市打拼的年轻人看到这种标题，就会点进去看看，因为这个标题激发了他们的危机感，让他们不由自主地考虑，自己会不会也会有这样的下场。

8.2.4 标题能够展示回报值

如今是一个内容爆炸的时代，内容的产出量远大于需求量，所以，观众会筛选一些对自己真正有用的东西来看。对于一个知识分享类的博主，起标题就必须让观众感受到“有用”，但怎么才算真正的“有用”呢?

没有人不希望自己看了一条视频就学到一个非常实用的小技巧，所以，如果你的标题是这样的——“学会三招，让你的视频片头具有电影感”，虽然这不能普罗大众，但只要有制作视频片头需求的人，肯定会愿意点进去看看。

再如，“关于双十一营销的秘密，全在这里了”，这类标题的受众群体就会大很多，让观众不由得想点进去看看，毕竟，谁不想赚钱呢?

8.2.5 标题展示新闻热点

没有人不需要了解新闻。了解新闻也是为了更好地参与社交，现在有很多年轻人都生活在社交媒体上，新闻架起了他们之间沟通的桥梁。

所以，我们拍摄的视频内容如果恰好与最近热度比较高的新闻事件有关，最好将其体现在标题中，但一定不要太过“标题党”，毕竟吸引大家点开视频的最终目的是点赞转发，而不仅是点进去看几秒钟就离开。例如，“英国女王圣诞演讲，最高贵的英式发音你也可以学到”。

8.2.6 修改标题增加点击率

因为在拍摄前，我们就先拟好了视频的标题，所以，再剪完影片后，可能还需要根据最终定稿的成片进行修改，让标题更加出彩。

1. 肯定句变疑问句

例如，在 520 这个特殊的日子里，你拍了一段视频，教大家如何给自己的男朋友选礼物，你原本起的标题是“教大家给男朋友选礼物”。

这个标题是不是有点儿平淡无奇，那么，我们试着改变一下思路，改成疑问句会不会好点儿?

“520 你怎么给男朋友选礼物?”改后的标题要比之前多了一点儿吸引力，但还是不够，我们在来反转一下。

“520 想给男朋友送个礼物，大家有没有好的男朋友推荐?”这样的标题，一下子就吸引了观众的注意力，这么有趣的信息，大家一定想点进去看看。

2. 模糊统计变精准数字

《人类简史》中写道：“人类大脑天生对数字比较敏感”。我们都不喜欢过于复杂和含糊的信息，而数字有利于简化信息，降低我们的理解成本，所以，如果你的视频标题中把那些模糊的统计变成精准的数字，更容易吸引观众的注意力。

例如，把“会制作这种片头的人不是很多”改为“会制作这种片头的人不会超过 10%”。这样的标题就不会有太多不确定的信息，会更容易被观看。

3. 把热词加进去

现在的年轻人，比较喜欢使用网络热词进行社交，例如 KSWL、社恐、熬夜星人等，那么这些热词如果被我们加入标题里，会很大程度上增加视频的点击率和传播率。

例如，我们的视频是想帮大家提高写作能力，刚好，李靓蕾给王力宏写的那篇长文被称作“小作文届的天花板”，那么我们就可以利用这个热词，给自己的标题增加热度，如“学会这三个技巧，小作文届的天花板就是你”。

4. 加入耳熟能详的俗语或金句

金句就像是夜空中那颗最亮的星星，最引人注目，能让人迅速产生共鸣，那么我们为什么不用在视频标题里呢? 例如，我们拍了一段口播视频，主要讲述当下自媒体行业的风生水起，那么我们不要只是起一个“自媒体行业在风口上，赶上了就赚了”之类的平淡无奇的标题，可以把金句加进去，改成“站在风口上，猪都能飞起来，你准备好起飞了吗?”

巧妙地使用金句或俗语，可以为你的视频带来翻倍的流量。

5. 把陈述句改为对话的形式

这种方法的效果也非常不错，会有比较强的代入感。我们拍了一组人像大片，并把拍摄方法交给大家，我为这个视频起的标题为“给女朋友拍照片的好方法”，是不是有点儿平淡了，这种标题的视频一抓一大把，凭什么吸引更多的观众。

我们不妨改成“同事说我根本不会给女朋友拍照，不会拍是因为你没看过这个视频”。一问一答的标题模式，一下子把观众吸引住了。

6. 把电影台词加进去

经典的电影会诞生很多耳熟能详的台词，这些台词慢慢沉淀就变成了金句，可以引发大众的共鸣。把这些能引起共鸣的台词当作视频标题，观众出于好奇心，总会想点进去一探究竟。

8.2.7 远离标题党

俗话说，你的视频内容再好，你和观众之间也隔着一个标题，就像我们平时选择电影来观看的时候，会倾向于选择自己喜欢的电影名，所以，才会有很多，被电影名耽误了的好电影的频频出现。

我们经过初期的脚本撰写，再到拍摄、后期处理等，终于制作出了一个内容优质的 Vlog 准备上传，为了避免 Vlog 被标题耽误，我们需要足够重视发布视频时的标题，但同时也要明白，标题并非万能的。

我们要切忌当标题党。什么是标题党？就是故意夸张夸大、歪曲事实，题目与实际内容不符，以偏概全等都属于标题党的做法。

我们为什么要远离标题党呢？因为一个词——预期。观众在选择视频进行观看之前，他们会根据标题在心里设置一个预期，也就是当他们看到一个标题时，极大地吸引了他们的注意力，也激发了他们内心的好奇，此时，他们迫切点击进去想通过视频达到这个预期。如果是标题党，当观众点击进去发现看到的内容跟他们的心理预期不一致时，就会感到自己被骗了，这种标题党的视频发多了，观众对我们的信任感就会大幅降低。

所以，一定要远离标题党，标题党带来的效益只是暂时的，起一个既精彩又匹配的标题才是长久之计。

最后，还想提醒大家，我们不仅要远离标题党，还要在标题中树立正确的三观，不要为了夺人眼球，取一些有悖于伦理、道德，甚至是带有辱骂、歧视话语的标题，虽然这种标题能很快博人眼球，但正确的价值取向才是正确的、长久的。

8.3 Vlog 可以发布到哪些平台

Vlog 视频经过策划、制作、剪辑成片后，就正式进入了运营环节。一个账号要想长期被关注，首先要持续不断地发布优质内容，除此之外，还要配合有效的运营，才可以打造出爆款。

早在几年前，随着短视频的火爆，大量的短视频 App 纷纷上线，创作者要根据自己的内容特点选择适合的平台，最大化地带来流量和用户的增长。

每个平台资源结构都是有差异的，用户的组成也存在很大的差异，从性别比例、地域差异、教育背景到兴趣爱好都不尽相同，本节就此进行详细介绍。

8.3.1 抖音

抖音 App 是在 2016 年 9 月 20 日上线的，是一个面向全年龄段的音乐短视频社交平台，用户可以拍摄自己的短视频作品并上传到平台上，通过获得其他用户的点击、点赞、转发和评论，来提高账号的知名度。

我们需要来详细了解抖音平台的主要特征和它的流量原理。

1. 抖音的用户主要特征

※ 多集中在一二线城市，并且年轻用户居多，其中女性用户要略多于男性用户。

※ 多集中在广东省、河南省和山东省。

※ 女性用户群体中，19 ~ 30 岁的用户偏多，而男性用户中，41 ~ 45 岁的用户偏多。

※ 喜欢音乐舞蹈、美食和旅游的用户居多。

※ 社交风格更加趋向于流行时尚、文艺小清新、炫酷时尚等。

2. 抖音平台三大特点

※ 采取霸屏阅读模式，注意力被打断的概率较低。

※ 几乎没有任何时间提示，让用户忽略时间的流逝。

※ 所有的按钮设计都尽量不让用户跳转出主界面，是一款将“沉浸式娱乐”做到极致的 App。

3. 抖音的流量原理

抖音所属公司是北京字节跳动科技有限公司，

但它背靠擅长机器算法的科技公司——今日头条。所以，抖音主要依靠机器算法，用机器获取有效信息最直接的途径就是短视频的标题、描述、标签、分类等。抖音的流量原理被称为“流量赛马机制”，这种算法主要经过以下三个阶段。

（1）冷启动曝光。

对于上传到平台的短视频，机器算法在初步分配流量的时候，会先进行平台审核，审核通过后进入冷启动流量池，给予每个短视频均等的初始曝光机会。

在这个阶段，视频主要分发给关注的用户和附近的用户，然后会依据标签、标题等数据进行智能分发。

（2）叠加推荐。

进行分发的视频，算法会从曝光的视频中进行数据筛选，参考视频的点赞量、评论量、转发量和完播率等多维度数据，选出数据表现出众的短视频，放入流量池中给予叠加推荐，依次循环往复。

（3）精品推荐。

经过多轮筛选后，在多个维度表现优秀的视频会被放入精品推荐池，最先推荐给用户。

8.3.2 快手

快手 App 起初叫作“GIF 快手”，2011 年 3 月上线，是一款用来制作和分享 GIF 动画的应用程序。一年后，快手从图片工具软件转型为短视频社区，用于记录和分享生产、生活的日常。

1. 快手用户主要特征

※ 主要集中在三四线城市。

※ 区域分布比较广泛，但沿海地区要偏多一些。

※ 年龄分布比较丰富，涵盖了 12 ~ 45 岁的用户群体。

※ 职业分布也比较广泛，分布在各行各业。

2. 快手平台的特点

快手满足了被主流媒体和主流创业者所忽略的人群——普通人，而非“网红”的需求，快手突破了这层边界，成为一个为普通人提供记录和分享生活的平台。

快手不对某一特定人群（如网红）进行运营，不与明星和网红主播签订合作条约，也不对短视频内容进行栏目分类或对创作者进行分门别类。

快手创始人宿华对快手的定位是“人人平等，不打扰用户”，所以，我们可以看到快手是一个面向所有普通人的产品，用户主要用它来记录生活中有意思的人和事，并开放给所有人。

3. 快手平台的逻辑算法

相比抖音，快手的算法逻辑略有不同。

快手算法会对用户进行画像和行为分析，掌握用户的静态信息，如性别、年龄、地域等。

综上所述，如果我们的视频内容比较接地气，多是展示生活中真实的一面，而且，针对的群体是三四线城市的用户，那么建议将视频投放在快手平台。

8.3.3 哔哩哔哩

哔哩哔哩，英文名称为 bilibili，简称“B 站”，现为中国年轻人高度聚集的文化社区和视频平台，该网站于 2009 年 6 月 26 日创建。

B 站早期是一个 ACG（动画、漫画、游戏）内容创作与分享的视频网站。经过十年多的发展，围绕用户、创作者和内容，构建了一个源源不断产生优质内容的生态系统，B 站已经是涵盖 7000 多个兴趣圈层的多元文化社区，也是很多业内人士认为最有可能“破圈”的平台。

2020 年 5 月 4 日《后浪》宣传片的发布引发了一波热议，有人认为《后浪》能够鼓舞人心，有人认为这只是纯粹的“打鸡血”，但无论怎么说，这个名叫《后浪》的演讲视频获得了 2000 多万的播放量，而承载着这些播放量的 B 站也被看成是继抖音、快手之后又一个崛起的短视频平台，越来越多的企业号和个人营销号开始重新认识B站，并且入驻B站。

1.B站平台的特征

※ 用户多为各个领域的专业创作者，所提供的短视频都是自制的原创视频。

※ 涉及的内容版块众多，涵盖了动画、国创、音乐、舞蹈、游戏、知识、生活、娱乐、鬼畜、时尚、放映厅等。

※ 是国内流量最大的单机独立游戏内容集散地和中国最大的游戏视频平台之一。

※ 聚集着大量的音乐创作者，以及热衷于二次创作的音乐爱好者。

※ 生活类的Vlog成为B站全年播放量增长最快的内容分区。

※ 还是年轻人学习的首要阵地，被用户称为Study With Me（跟我学习）的学习直播，已晋升为B站直播时长最长的品类；2019年，用户在B站直播学习时长突破200万小时。大批专业科研机构、高校官方账号入驻，分享科学知识。

※ 正在成为传统文化爱好者的聚集地，以舞蹈、音乐、汉服等为代表的“国风”内容增长迅速；国风爱好者已超过4000万人，这类创作者大多是95后。

※ 有一个特色——悬浮于视频上方的实时评论，即“弹幕”。弹幕可以给观众一种“实时互动”的错觉，用户可以在观看视频时发送弹幕，其他用户发送的弹幕也会同步出视频上方。

※ 可以用多种身份在B站观看视频——游客、注册会员、正式会员、大会员，并且通过100道社区考试答题，才能成为正式会员。

※ 视频多为中长视频，视频时长至少在3分钟以上。

如果你在某一个领域很专业，并且能够产出优质的原创视频内容，并且你的视频多为中长视频，那么可以选择在B站进行投放。

8.3.4 视频号

视频号是平行于公众号和个人微信号的一个内容平台，也是一个记录和创作视频的平台，在视频号上，用户可以发布1分钟以内的视频来与大家分享自己的生活。

1. 视频号平台的特点

※ 视频号是一种信息流呈现的方式，它与抖音那种单屏呈现的方式不同，更加注重社交关系。

※ 视频号是私域流量，也是社交领域中最大的私域流量池。

※ 视频号的算法是推荐算法，也是一种以社会关系为主的推荐算法，当你的朋友点赞了你视频号上的作品之后，你朋友的好友也能看到这个视频。

2. 视频号的引流和导流

引流。视频号用户从微信这个超级流量池中获取流量，然后把流量池里的公域流量引来变成自己的私域流量。

导流。把从流量池里引来的流量，导入自己的公众号、微信号和社群中，为最后的变现做转化准备的过程就是导流。

其实，视频号的使用是要结合个人微信和公众号的，达到“三号一体”的效果。视频号可以说是拉新的神器，而微信号是变现的保障，公众号是座桥梁，具有留存粉丝的作用。

3. 影响视频号权重的五个因素

原创度。无论是在抖音、快手还是视频号，考量一个视频的首要因素就是是否为原创，作品的创意、拍摄形式等都是自己原创的作品会给更高的推荐权重。

好友互动率。视频号是基于社交平台的，自然免不了考量社交属性，所以，当你发布的作品首先通过好友的认可和推荐后，才有资格得到更多的推荐，从而获得更多的流量。

作品垂直度。这一点跟抖音相似，你所发布的视频内容同属于一个领域的内容，那么你的垂直度就很好，平台就会为你更多的流量，如果你隔三岔五更换视频内容的领域，那么，你的视频号权重就会被降低。

完播率。这一点不光是视频号，很多短视频平台都会看重这个指标，一个视频具不具备足够的吸引力，都会在完播率上得以验证。

发布频率。三天打鱼两天晒网的账号是不会得到更多推荐的，无论在什么平台，持续稳定的更新，才是账号逐步做起来的基础。

4. 微信生态链的涨粉潜力

（1）视频号 + 朋友圈。

通过朋友圈将视频号宣传出去，这里有几点需要注意。

首先，发视频号的时候可以主动 @ 好友，这样能最快速让好友看到并帮助你进行二次转发；其次，在视频号上发布视频后，可以先让平台走一会儿流量，看看视频的反应效果如何，如果觉得视频效果还不错，再将其转发到朋友圈；最后，发朋友圈可以选择四个黄金时间。

※ 7:00—9:00：一天的开始，上班路上会翻看好友都发了什么内容。

※ 11:30—13:30：吃饭、午休时间，是“刷圈”的好时机。

※ 18:00—19:00：下班路上，不看手机做不到。

※ 22:00 以后：一躺到床上就开始找手机。

选择在这几个黄金时间发朋友圈，更容易被好友看到。

而且，朋友圈推送视频号的内容字数最好不要超过 140 字，否则会被折叠，很少有人去点开折叠起来的字查看。

（2）视频号 + 公众号

将视频号和公众号很好地结合起来，也能快速涨粉，因为视频内容在视频号完成了初次见面，然后可以将这些粉丝引到公众号中实现互动和深度了解。

我们在发布视频号的内容时，可以在视频下方加上公众号相关文章的链接，让看完视频还意犹未尽的粉丝可以直接点开链接，到公众号中慢慢深度了解相关内容。

我们还可以同时在公众号的文章下面加入视频号的链接，将原本公众号的粉丝引入视频号中。

（3）视频号 + 社群推广。

将视频号内容和社群推广结合起来，在社群中建立自己的威信，但这里需要注意的是，很多人运营社群都喜欢用发红包来带动人气，这其实是一种很被动的方式，不属于良性传播。想要做好社群，通过传播优秀的内容，先成就别人而后才能成就自己，这才是能够持续走下去的真理。

8.3.5 西瓜视频

西瓜视频是字节跳动公司旗下的个性化推荐短视频平台，通过人工智能帮助每个人发现自己喜欢的视频，并帮助视频创作者轻松地向全世界分享自己的视频作品。它的前身是“头条视频”，也可以称为“视频版的今日头条”，拥有众多垂直分类，专业程度较高，平台的口号是“点亮对生活的好奇心”，致力于成为“最懂你”的短视频平台。

1. 西瓜视频平台的主要特征

※ 用户中男女比例为 8:2，男性占比较高。

※ 70% 以上的用户在 30 岁以上。

※ 用户大多分布于超一线、一线和二线城市。

※ 男性对美食、音乐和游戏感兴趣，而女性则对美食、音乐和育儿感兴趣。

※ 中低消费者占比较高。

2. 西瓜视频平台的主要玩法

（1）算法分发和关系分发并重。

算法分发是由机器决定用户看到什么，而关系分发是用户关注的人决定用户看到什么，西瓜视频将两个分发机制做到共存统一。

同时，西瓜视频和今日头条的信息互通，让西瓜视频能够有效利用今日头条多年积累下来的算法模型和数据，这就使其用户画像更精准，分发模型更完善。

（2）短视频和小视频。

在平台发布的视频中，有横版视频，也有竖版视频，横版视频大概 2 ～ 5 分钟，是大量专业制作团队经常使用的构图方法，西瓜视频看重横版视频在题材范围、表现方式和叙事能力等方面的优势，把横版视频放在首位。

竖版小视频大概 15 ～ 60 秒，以手机拍摄的视频为主，短小精悍，顺应当下的潮流，但西瓜视频的小视频全部来自抖音和火山小视频，平台将这种小视频作为增量来运营。

（3）加入综艺节目。

从 2018 年开始，西瓜视频开始大举投入综艺节目，打造移动原生综艺 IP。

综上所述，建议影视综艺类，并且以男性用户为主的，时长在 4 ～ 7 分钟的短视频，可以首选在西瓜视频平台上投放。

8.4 自媒体短视频时代，普通人如何利用 Vlog 赚钱

如今，短视频已经成为用户“杀”时间的利器，人均单日使用时长呈明显增长趋势，截至 2020 年 6 月，短视频人均单日 110 分钟的使用时长就超越了原本占领高位的即时通信方式。

在这样的数据背后是巨大的流量红利，对于短视频运营者而言，短视频的下半场之争是做好精准定位，并探索流量变现的路径和模式。

在这个每天都有很多视频诞生的时代，我们普通人如何利用拍摄和发布 Vlog 赚钱呢？今天给大家分享几种 Vlog 变现的模式。

8.4.1 广告变现

广告变现其实就是在发布的短视频中植入商家的产品广告，商家给予博主一定的广告费用。

当你在发布视频的平台积累了一定量的粉丝后，就可以选择广告变现，这是目前比较主流的变现方式，短视频运营者通过与商家和品牌方合作，实现互利共赢。

1. 广告变现常见的两种方式

（1）通过官方平台或 MCN 机构等。

我们可以利用官方平台的推广任务来接单，例如抖音的星图平台，其主打的功能就是为品牌主、达人等提供广告服务，然后从成交的广告合作单中收取费用。

但抖音的星图平台有粉丝数量的限制，如果你的账号粉丝超过了 10 万，那么就可以在星图上以达人的身份入驻，然后根据自己的时间和创作能力接单。一般来说，接单的广告视频时长一般为 15 ～ 30 秒，价格根据时长、剧中人物、道具和场景的不同，大致在几百元到几万元，甚至几百万元不等。

MCN 机构是一个内容创作者联盟，它最大的优势就是整合松散的内容生产者，联合若干垂直领域具有影响力的互联网专业内容生产者，利用自身资源为其提供内容生产管理、内容运营、粉丝管理、商业变现等专业服务管理的专业机构。

对于个体短视频生产者而言，如果有实力加入 MCN 机构，还是可以带动自己账户的资源和内容的生产能力的。

（2）博主直接对接商家

当你在平台积攒了一定的粉丝量后，就会有一些商家主动来找你，此时，你可以直接和商家对接合作方式，这种方式虽然程序简单，但有很多是通过微信进行沟通的，也暗藏着许多骗局，如果不注意甄别，很有可能落入不良商家的圈套。

2. 广告变现的具体形式

（1）软性广告。

我们在拍摄视频的时候，不改变平时拍摄的风格和节奏，只是很自然地让产品出现在视频中，这就是软植入。例如，平时拍摄生活 Vlog 的博主，在自己的桌子上摆上一盏好看的台灯，可能这位博主都不用刻意为这盏台灯说些什么，观众就已经被“种草”了。

（2）“种草”广告。

这种广告形式大多数以口播的形式出现，作者做一个开箱体验的视频，视频一开始就直接告诉观众这就是一段广告，整个视频就是在展示这个产品的优缺点、适用的人群，以及博主分享自己亲身体验之后的感受。这种视频适合本来就有购买需求，但还不确定具体购买哪款产品的用户，所以，转化效果还是很可观的。

（3）冠名广告。

在短视频行业，冠名指的是在视频中使用字幕特别鸣谢，或者添加话题等，冠名广告的目的不是销售产品，而是打响品牌的知名度。

但是，冠名广告的成本比较高，一般都是一些知名博主才有实力和影响力去做这样的宣传，这些主播不仅可以获得丰厚的资金奖励，还能获得流量扶持，提高个人账号的曝光量。

但在短视频领域，冠名广告并不是特别多。

（4）贴片广告。

贴片广告一般放在视频片头、片尾或插片播放，是一种制作成本较小的广告形式，最为常见的是放在视频的结尾处，时长也就 5 秒左右，不会影响视频原本的内容，也不会影响用户的观感，是一种比较容易接受且效果较好的广告模式。

不希望自己作品的文案和节奏被打乱，又想利用作品达到变现的，可以选择这一变现方式。

（5）代言广告。

代言广告是指为某一款产品或某一个品牌代言，这种方式要求账号有很大的流量，基本上属于一个领域的头部账号，才会被受邀进行代言。例如，李佳琦、李子柒等头部账号。

总之，无论利用哪种广告方式进行变现，都必须注意用户体验，广告商的产品是否正规，产品真实的使用感受等都需要我们亲自把关和试用，不要让之前通过创作视频积累的粉丝信任，因为一两个劣质广告商品而轰然崩塌。

8.4.2 电商变现

电商就是电子商务，是互联网时代新型贸易模式的标志之一，它分为一类电商和二类电商，像京东、淘宝等就属于一类电商，而抖音、快手等短视频平台属于二类电商。

以抖音为例，当账号的粉丝量大于 1000 时，就可以申请“商品橱窗”功能。

进入“创作者服务中心”，找到“商品橱窗”，再单击“商品分享权限”进入申请页面，只要我们发布的视频数量不少于十条，也进行了实名认证，审核通过后，就可以开通“商品橱窗”功能了。

我们可以自行在“选品广场”挑选跟自己内容相符的产品添加到橱窗里，也可以跟商家取得联系后，受邀进行添加。

一般当账号的粉丝数量呈现不断增长的趋势时，就会有许多商家主动与账号取得联系，并推荐他们的产品，合作的方式一般有以下几种可供参考。

（1）纯佣。

这种方式就是我们拍摄一个视频，将产品软植入进这条视频，然后在“商品橱窗”中上架同款产品，用视频来引导用户购买。我们可以在视频中添加“购物车”，也可以不添加，用文字引导用户进入橱窗购买。

添加产品的方法也很简单，在抖音的“选品广场”中，选择我们可以接受的佣金比例，直接把这个产品添加到我们的橱窗里即可。

这种方式适合刚达到开通“商品橱窗”权限，刚好家里有跟橱窗同款的产品的博主。

（2）纯佣 + 产品置换。

这种方式就是由商家免费提供产品样品给我们，我们试用之后觉得可以推荐，就写相关拍摄脚本并进行视频拍摄，产品在我们的视频中主要以软植入的方式呈现，给消费者“种草”，从而激发他们的购买欲望。

在视频的左下方放上黄色的“购物车”图标，看过视频想要购买的用户就可以直接点击下方的小黄车进行购买，每卖出一单，商家会按照事先约定的佣金支付给我们，而且，所拍产品无须寄回。

这种合作方式适合有一定的粉丝基础，刚刚开始尝试视频带货的博主。

（3）佣金 + 制作费 + 返商。

这种方式就是由商家提供产品样品供我们拍摄使用，拍完视频之后，再把产品样品返还商家，视频发布并挂购物车后，商家会支付我们一笔制作费，然后视频播出后，每卖出一单，商家会按照佣金比例支付佣金。

采用这种合作方式，一般都是比较贵重的产品，例如计算机、相机、大型家电等，因为产品价格本身比较昂贵，所以产品需要返还商家。

这种合作方式适合有一定粉丝量，并且能够拍摄出专业级视频的博主。

借助电商变现，是普通视频博主目前最实用、最理想的变现渠道，主要原因如下。

首先，粉丝很少依旧可以变现，商品的出单量与播放量有关，所以，即使刚刚开始没多少粉丝的账号，也有可能上销量榜。

其次，商品是第三方平台代发，无售前、售后、发货的烦恼，我们只需要把精力放在如何写出爆款卖货文案，以及拍好卖货视频上面就可以了。

所以，专心做好视频，在账号的垂直领域内，选择一些好的产品放入橱窗，我们普通人也可以实现变现。

8.4.3 流量变现

我们可以通过抖音等平台把粉丝引流到微信号、微信公众号、个人社群等，转化成我们的私域流量，之后就可以通过课程或者咨询的方式变现。

我们可以在视频的开头、结尾或者通过私信的方式来引导用户获取我们的联系方式。

有很多拥有实体店铺的企业会制作一些短视频，并在发布的时候标注了门店位置，吸引用户到店体验。

线下实体店变现也有两种方式。

（1）帮助商家和品牌方的实体店变现。

这种方式可以通过店铺打卡的方式来进行，例如，介绍店铺的环境、店铺的特色、店铺人均消费水平、店铺商品的使用体验等，主要就是为了吸引用户到店消费，短视频运营者可以获得一定的佣金或广告费。

（2）帮助自己的实体店变现。

帮自己的实体店变现最重要的一件事就是要挖掘自己店铺的特色，策划一些有意义的促销活动，并录制成短视频。

我们可以拍摄一些店铺的特色，例如成都有一家只能穿汉服才能进去吃饭的餐馆，推开门，内部装饰得古香古色、层林环绕处烟雾缭绕，这样的视频激发粉丝想要一探究竟的好奇心。

我们还可以采用美食打卡的方式，例如，“打卡胡同里最好吃的冰淇淋”“想不想去郑州喝一杯占卜奶茶”等。如果有线下门店，或者想要推荐旅行类的产品，则可以考虑这种通过线上给线下引流变现的方式。

8.4.4 直播变现

从2020年起，直播逐步进入一个高速发展期，有越来越多的视频博主开通了直播，并成功通过才艺的展示、知识的分享变现。

主播可以依靠才艺吸引粉丝来到直播间为其打赏，可以分享不同的知识技能，可以售卖课程，还可以通过在直播间展示商品来进行销售。

打赏就是指观看直播的用户通过金钱或虚拟货币刷礼物送给主播，视频直播中的打赏相比于微信公众号、微博等平台的打赏，要频繁很多。在看视频直播的过程中，很多用户容易冲动，还没反应过来，许多礼物已经送出去了。

除了打赏，直播卖商品也很火爆，因为这样的方式可以让用户更直观地观察产品，遇到想买的商品，动动手指点击一下购物车就可以了，既简单又便宜。

直播变现的力量不可小觑，如果你想通过直播变现，赶紧行动起来吧。

8.4.5 出版变现

出版变现是创作者利用自身的技能与获得的资质写作并出版专业的书籍，并以售卖书籍为盈利方式的变现手段。

这类专业人士通过视频制作分享了许多专业领域方面的知识和独到见解，获得了大批用户的支持，此时就会有出版社来洽谈出版事宜。

这种变现可以为专业人士带来长期利润，收益也很可观。

8.4.6 咨询变现

之前提过的变现方式中有一个叫作“知识变现”，在“知识变现”中包括了网络课程、线下课程等课程变现的模式，网课解决的是知识的传授和普及，是为了解决大众的问题，那么针对每个人个性化的需求，更深度的问题又该如何解决呢？那就需要咨询师来提供方案了。

凭借着信息的不对称性，别人不知道的、渴望知道的，正好是某个人最擅长的，那么这个人就可以通过视频分享一些解决问题的方法，再收获了大批的粉丝之后，就会有许多的粉丝提出一些个人的问题，此时，就可以提供一对一的专属咨询服务。

以上就是常见的几种短视频变现的方式，随着短视频行业的迅猛发展，也会慢慢衍生更多、更新颖的变现方式。在过去的几年中，已经有许多视频运营者通过运营短视频成功变现，对于正在尝试或尚未尝试的观望者来说，想要成功走上变现之路，可以先从以上这几个比较成熟的模式入手，选择适合自己的变现模式，实践并最终获得成功。